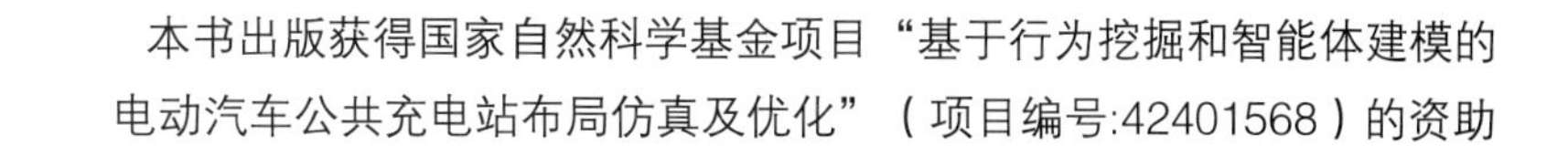

本书出版获得国家自然科学基金项目“基于行为挖掘和智能体建模的电动汽车公共充电站布局仿真及优化”（项目编号:42401568）的资助

智慧城市安全应急管理：技术与实践

夏小棠　著

图书在版编目(CIP)数据

智慧城市安全应急管理：技术与实践／夏小棠著．-- 武汉：武汉大学出版社，2024.12. -- ISBN 978-7-307-24733-8

Ⅰ．X92；D63

中国国家版本馆 CIP 数据核字第 2024081QE9 号

责任编辑：任仕元　　责任校对：汪欣怡　　版式设计：马　佳

出版发行：武汉大学出版社　（430072　武昌　珞珈山）

（电子邮箱：cbs22@whu.edu.cn　网址：www.wdp.com.cn）

印刷：湖北云景数字印刷有限公司

开本：720×1000　1/16　印张：10.75　字数：217 千字　插页：1

版次：2024 年 12 月第 1 版　2024 年 12 月第 1 次印刷

ISBN 978-7-307-24733-8　定价：49.00 元

前　言

智慧城市的建设可促进城市治安管理发展，充分保障城市居民的人身安全及财产安全。建设好公共安全应急管理体系，需要紧密结合智慧城市的优势，从战略的高度进行体系设计，从而提出智慧城市背景下城市公共安全应急管理体系建设的支撑条件和途径。在推进智慧城市与智慧社区建设的过程中，要从城市与社区公共安全以及应急管理角度出发，充分利用互联网、大数据、云计算等创新技术，全面、精确、实时地掌握各类风险动态，提前预防和控制可能发生的危险事故和突发事件。在危机事件发生后，要能够做到信息共享与协调联动，实现人与技术的充分融合，使城市与社区的应急管理更智慧、更高效、更安全。在智慧城市的建设中融入安全城市与应急管理的理念，结合云计算、地理信息系统以及大数据、物联网等新兴技术，可有效提高城市预防灾害以及应对突发事件的能力。本书对智慧城市建设的理念与技术进行了深入全面的研究，充分利用信息技术和智能技术的优势，对整个城市的基础设施三维建模及智能巡检技术进行了深入研究，同时探讨了智慧城市背景下城市的应急管理对策。具体研究结论如下：

(1)提出了一种基于局部特征和形状轮廓匹配的建筑物识别算法，针对经典的不变特征提取算法的不足，根据整个建筑易受旋转和倾斜的影响，考虑建筑物在不同状态下的比例尺变化信息，制定任意形状轮廓匹配的相似度准则和映射函数，实现不同光照和比例尺的建筑物识别，为智慧安全城市的三维建模提供技术支撑。

(2)基于 BP 神经网络算法设计了一种全网模糊控制器，使模糊推理的实现过程网络化、清晰化。该算法能够有效地优化神经网络控制的参数和结构，设计的神经模糊控制器具有良好的性能，能够协助完成智慧城市优化控制。

(3)针对智慧城市安全监测中的智能设备巡检系统，以机器人检测系统为研究对象，利用 MPI 库函数构造了两种符合 DSMC 并联原理的算法。基于结构背景网格的非结构化网格动态划分策略，实现了计算过程之间的动态负载平衡，由 MPI 库函数构造的控制算法和并行算法适合于非结构化网格 DSMC 的并行计算。

(4)通过数字孪生技术在应急交通管控中实时模拟智能决策，利用集成层次任务网络(HTN)规划和支持向量机(SVM)模型优化效率。结合图像和空间识别算法，并与历史数据整合，为应对类似公共卫生事件等紧急情境提供有效方案。研究还提出了智能决策框架，突破了传统方法的局限性，并通过模拟验证为未来智能交通系统提供科学指导。

(5)构建交通与土地利用互动的一体化模型，为交通与土地利用的一体化互动提供科学的理论支撑。在当前城市交通矛盾快速发展的背景下，传统交通规划方法存在难以解决的问题，因此提出采用差别化的交通分区手段开展交通规划工作，为交通支撑、交通引领、交通减负等规划理念的落地提供科学的方法支撑。通过在城市规划这个源头上提供解决城市交通问题的方法，促进了城市交通系统合理引导城市空间结构调整，为城市交通系统的可持续发展提供了理论支撑。

(6)通过数据挖掘获取腾讯 LBS 时空大数据和 2014—2019 年全国监测站点的 $PM_{2.5}$数据，对 $PM_{2.5}$数据进行自然正交函数分解(EOF)，探索 $PM_{2.5}$在时间维度和空间维度上的分布规律，对 $PM_{2.5}$影响因素数据与 $PM_{2.5}$数据进行地理加权回归(GWR)，定量分析 $PM_{2.5}$影响因素与 $PM_{2.5}$的变化规律。对 2020 年的 LBS 时空大数据进行分析，探索基于定位数据的人口时空分布规律，并依据 LBS 数据对 2020 年 $PM_{2.5}$进行暴露评估，了解 $PM_{2.5}$与人口密度的关系。针对 $PM_{2.5}$的暴露评估和健康风险，在 $PM_{2.5}$污染防治措施方面，以政府为主导提出了包括法律法规、城市规划、监管力度等在内的五项整治措施。

(7)从大数据视角分析我国应急管理体制改革的途径，讨论了“互联网+”时代法律规制手段中的单行法律规制和行业自律规制手段，建议将“智慧城市”的建设理念与城市应急管理进行有机结合，以利于政府综合治理能力和治理水平的提高，并在此基础上提出了智慧安全城市的应急管理措施。

新型智慧城市建设对公共安全与应急管理体系建设甚至是应急管理现代化水平提出了更高的要求，运用云计算、大数据、互联网、人工智能等信息化技术推动“智慧应急”的建设，将极大地提高城市重大风险感知的灵敏度、风险研判的准确度和应急反应的及时度，逐步实现风险监测预警、应急指挥保障、智能决策支持、公众自救互救和舆情引导等应急管理能力的快速提升。

目　　录

第1章 绪 论

1.1 研究的目的与意义

近年来，我国经济社会迅速发展。在全球政治经济形势动荡起伏的大背景下，经济繁荣的背后也暗含着引发各种危机的不确定因素。因此，危机管理已成为我国城市发展面临的严峻问题。在智慧城市的建设中融入安全城市与应急管理的理念以及集成层次任务网络(HTN)规划和支持向量机(SVM)模型，将有助于解决这一问题。结合数字孪生、云计算、地理信息系统、大数据和物联网等新兴技术，将其应用于应急管理当中，可有效提高城市预防灾害和应对突发事件的能力。因此，为应对经济社会转型带来的风险，智慧城市建设的理念与技术缺一不可。充分利用科学信息技术对整个城市进行全面感测与分析，有助于建立人与物之间的关系，从而促进人与物、物与物的协同合作。实时、准确且全面地接收各类危机提示信息可以有效预防突发性灾害；在危机发生时，通过信息实时共享，组织和协调相关部门积极开展应急响应，相关工作人员和现代化科学技术有效结合，可实现对城市公共安全突发事件更加稳定、高效、人性化、智能化的管理。同时，通过结合 HTN 规划和 SVM 模型，可以为复杂的决策场景提供科学、高效的决策支持。这不仅强化了紧急情境下的应对能力，还为智能交通管理系统的发展打开了新的方向，使其得以更加灵活、精准地应对各种突发情况。智慧城市和应急管理相关产业的协调发展，不仅有利于改善城市的治安状况，还能加快智慧城市产业创新的进程。应急管理的智慧化可以更加有效地维护公共安全和秩序，促进政府对于公共事件管理体制的完善，更好地提供民生服务。

智慧城市的建设可促进城市治安管理的发展，充分保障城市居民的人身安全及财产安全。智慧城市管理模式的创新和实践可促进如地理信息系统、大数据、智慧云等相关应急产业的发展，优化电子政务、移动支付、汽车网络等新型智能模式。这些产业的发展也将对城市紧急情况做出反应，如自动填充大数据及在公共安全应急管理等方面协同合作，从而形成全新的城市功能。建设智慧城市能够全方位地实时获取城市公共安全的信息，实现城市 110、119、120 指挥中心三个报警平台合一，面对突发公共事件做到事前高效预防预警、事中精准高效处理、事后完善防范措施。智慧城市的建设不仅能够快速有效地打击违法犯罪、减少恐怖暴力事件，也能有效提升公安部门的管理效率和面对突发事件的应急处理能力，对保护公民的生命健康不受威胁、财产不受破坏以及社会和谐构建都具有重要的现实意义。

1.2　研究现状

首先，智慧城市建设面临的首要问题是信息的获取与处理，而基于 GIS 的信息获取不可避免地需要提取人工地物信息。一般来说，从高分辨率航空照片或卫星图像中提取人工地物信息的方法有两种。第一种是最广泛和深入的研究方法，即利用图像信息和高程信息提取建筑信息。该方法的主要原理是利用建筑与周围环境的高差提取建筑的屋顶，这大多需要辅助数据，如数字表面模型(DSM)和数字高程模型(DEM)。第二种是利用图像信息(包括全色和多光谱信息)，结合遥感图像处理与分析、机器视觉、人工智能等学科的技术手段，实现对建筑屋顶信息的半自动甚至全自动识别与提取。该方法的特点是不需要其他外部信息源和多视图图像，因此比前者具有更广泛的应用范围和应用前景。

在上述两种方法的基础上，研究人员还提出了多种从不同途径提取建筑材料的方法，主要分析了图像中线段的空间关系，并利用感知分组理论对建筑目标进行假设和验证。20 世纪 90 年代初，人们便在该领域开展了具有代表性的研究，提出了从阴影中提取建筑物的想法，充分挖掘图像中有用信息，并利用该领域的知识指导目标提取的新思路。部分学者将边缘线段组成线段空间关系图，根据图的搜索方法，可以找到可能的建筑结构，即可以组成建筑轮廓的线段集。其他学者则提出了一种纹理测量驱动方法，该方法的出发点是利用纹理测量算法对源图像进行处理，区分人工和自然特征。一方面，这种方法难以消除一些干扰信息；另一方面，线段搜索的时间复杂度高，算法的效率不高。2001 年，Garcin 等[1]使用对象之间交互配置的先验模型和与图像强制匹配的数据模型对建筑物进行建模，并使用点随机过程提取特定结构类型的建筑物。该方法能有效提取人字形屋顶的建筑物，并用矩形进行拟合，但是由于该方法提出让先验模型在建筑物附近进行移动以实现匹配，导致算法计算速度较慢。2003 年，陶文兵等[2]通过边缘提取、轮廓跟踪、直线检测的步骤提取航空影像上的直线信息，再对直线进行分类、排序、合并、调整等处理构成几何图形，最后采用几何结构元分析方法提取矩形结构的规则建筑物。该方法受短线干扰容易生成重叠的几何形状，且最终的建筑物提取的准确性依赖于直线处理的结果。2004 年，Croitoru 等[3]专门针对“H”类型的建筑物提出了一种自下而上的建筑物提取方法。该方法采用底层直线段提取、中层空间投影、高层建筑物定位的方案，充分利用了规范化城市区域的特征，着重考虑在多边形屋顶提取期间减少低级特征的数量。2010 年，谭衢霖[4]针对城区遥感影像数据存在严重的“同物异谱”和“同谱异物”现象，基于模糊逻辑知识规则提出了面向对象分类建筑物提取的方法，在多尺度分割过程中结合目标的光谱、纹理、几何形状、拓扑关系等特征描述，通过多种约束条件识别目标对象。该方法具有一定的灵活性和适用性，但是针对场景复杂的建筑物，形状与边界位置的精度有待进一步研究。2012 年，Cui 等[5]提出了基于图形形状表示的高分辨率遥感影像的复杂建筑物描述和提取方法。为了克服经典建筑物提取方法在存在噪声的情况下不稳健的弊端，他们提出一套完整的技术流程，通过“区域分割、边缘点 Hough 变换、直线检测、垂线检测、交点判别、图构建、图搜索”的过程生成建筑物轮廓特征点循环，从而实现复杂形状建筑物提取。这种方法不受建筑物形状的限制，直线提取时也避免了传统方法中通常需要的复杂特征分组和边界近似；但在极其复杂的场景下，该方法难以提取建筑物的确切形状，对于非正交角落组成的建筑物不能适用。该方法的主要优点是能够显著减少提取过程中低级特征的数量，但是通过霍夫变换的边数总和所得到的线段集合之间的链接会限制滤波方法的效果，并且对霍夫变换的依赖可能影响整体提取精度和对参数扰动的敏感性。另外，2010 年，陶超等[6]提出了一种面向对象的邻域总变分割算法，他们首先对影像进行分割并剔除非建筑物对象，建立概率模型，根据提取的难易程度对建筑物对象进行分级提取。该算法能解决建筑物与邻近光谱相近的道路相互混淆的问题，但对于树木严重遮挡道路等过于复杂的场景，该算法提取结果仍存在错判现象。2011 年，Xin 等[7]针对建筑物提取时受周围的裸地和道路影响造成错误识别的问题，利用差分形态学剖面构建形态学建筑物指数来提取建筑物。首先利用阴影指数作为建筑物检测的空间约束，再利用双阈值滤波整合建筑物指数和阴影指数，并用几何指数和植被指数来消除狭窄道路和明亮植被等容易误识别的对象。该方法能够在不收集训练样本和监督学习过程的情况下实现建筑物检测，为建筑物信息提取提供了新思路。2014 年，胡荣明等[8]针对形态学建筑物指数算法容易因亮度差异遗漏建筑物、算法复杂度高、结果中同质区域噪声较多等问题，对该方法进行了优化。他们将建筑物描述为具有不透水物理属性的地物，将建筑物与植被、土壤、水体等透水性地物有效地区分开，并结合建筑物的物理属性和几何形态特征来区分建筑物对象和城市道路等地物。这一改进提高了建筑物识别的效率和精度，但是所涉及的几何参数需依经验设置，有待实现自动定义参数。2017 年，高贤君等[9]针对目前建筑物提取算法因自动化程度偏低，对数据源、先验知识、人工辅助等方面过于依赖造成普适性降低的问题，提出了一种利用支持向量机(Support Vector Machines，SVM)的分类法，利用影像数据可见光三个波段将影像分为阴影、植被、裸地、建筑物四类，然后通过偏移阴影分析自动提取建筑物。该方法的优点是大大减弱了人工辅助的作用，但是需要准备大量的建筑物样本。1990 年，Liow 等[10]提出了利用阴影提取建筑物的思路，但是由于影像上同时存在建筑物及其阴影，两者的亮度存在一定差别，导致局部区域的对比度变大。因此，

Pesaresi 等[11-12](2008, 2010)实现了一种利用灰度共生矩阵对比度特征计算呈现指数来提取建筑物的方法，并于 2011 年对该方法进行改进。该方法是通过分析由各向异性旋转不变灰度共生矩阵(Gray Level Co-occurrence Matrix, GLCM)计算的图像纹理参数的策略提取建筑物，并引入形态学滤波方法消除树木遮挡的影像，这种方法已经得到了相关机构的认可并应用于建筑物和建成区识别。2016 年，施文灶等[13]以精确提取建筑物轮廓为目标，利用势直方图函数检测阴影，并以形状参数为约束条件筛选分割对象，再根据阴影和待分割对象之间的空间位置关系提取建筑物轮廓信息。该方法克服了现有建筑物提取方法只能获取位置或用简单多边形拟合轮廓、需要人工交互等方面的局限性，但所采用的分割算法时间复杂度有待进一步优化。2017 年，林祥国等[14]基于面向对象的思想，在影像分割中引入数字形态学顶帽重建技术，实现了一种新颖的形态学建筑物指数计算方法，即“构建像素—对象—图像节点的双向映射关系”，再结合白顶帽重建来构建建筑物影像。该方法有效提高了建筑物识别精度，但仍存在较严重的误识别现象，如道路、水泥地面等材质与屋顶相似的区域容易被识别为建筑物，裸地和施工区域等亮度与屋顶相似的区域也容易被识别为建筑物。由于亮度阈值的选取难以兼顾不同光照情况，亮度低的建筑物容易被漏识别，为此，2016 年，Xin 等[15]也对这个方法进行了优化，即在后处理时同时考虑光谱、几何和上下文信息来描述建筑物的特征。

其次，智慧城市的建设离不开模式识别和智能控制技术。神经网络是模拟人脑处理信息的智能非线性研究系统。它是一个多层前向网络，向后传递错误。利用梯度下降法通过误差的反向传播来调整网络的平衡和阈值，以保证神经网络的期望输出和有效输出之间的误差平方最小，使网络的实际输出尽可能接近期望值，从而提高网络研究的适应性。神经网络的 BP 算法准则存在收敛速度慢、容易陷入局部极小值等缺点，因此有待改进。笔者引进了混沌思想，并提出了一种基于混沌思想的 BP 算法的改进方法来优化神经模糊控制器的参数设置。混沌现象是非线性系统中一种常见的现象，它具有遍历性和随机性的特点，可以根据其自身的“规律”在一定范围内连接所有的状态，并在一定范围内遍历全部状态。Jeon Hyun Park 等[16](2015)对经典轧机的形状控制系统进行了研究，经典系统的形状识别存在执行器饱和问题，且形状控制性能较差，全自动系统的操作经常停止，需要执行手动输入，导致钢带的生产率降低和不必要的人力浪费。作者使用小波径向基网络代替多层感知器网络以提高系统的形状识别性能。A. T. Azar 及 Fernando E. Serrano[17](2014)基于内环和外环的增益以及相位裕度规范提出了一种用于级联控制系统的内部模型控制，根据每一个环路的期望频率响应调节内部模型的控制参数。由于对每一个环路同时进行调整，内环和外环的鲁棒特性没有改变，使得调整方法较灵活，最后与其他级联调节方法进行了对比，展示了算法的有效性。2013 年，Wang 等[18]通过在发动机上增加一个电子节气阀和扭矩传感器的方式，改善了发动机的燃油经济性，且能够获得其扭矩信息，同时为该设备设计了一种分数阶模糊PID控制器，并采用Fruit Fly优化算法对PID控制器的参数进行优化，在选用合适的适应度函数后采用Matlab/SIMULINK环境进行了仿真。Yang等[19](2013)针对工业微波旋转干燥设备的温度控制问题，设计了一类使用遗传算法在线调节参数的PID控制器，该控制器能够保证最佳干燥温度以保持水分含量低于1%，将该控制器应用于5种不同的工业过程模型和实际的温度过程控制系统，验证了它的可靠性和有效性。Van等[20](2016)提出了一种自适应轨迹跟踪神经网络控制方法，即使用径向基函数网络对链路机器人的机械手进行鲁棒补偿以实现高精度位置跟踪，在验证部分对比了自适应模糊控制方法和小波网络控制方法的实验结果，以验证该控制方法的有效性。Li等[21](2013)将动态表面控制技术用于控制非线性系统的神经网络自适应框架中，用以克服复杂度爆炸问题，时延存在于系统的随机扰动增益中，神经网络被用于补偿依赖延迟输出的未知非线性项，并且从理论上证明了该算法的有效性，最后将设计的算法应用于化学循环系统。Geng[22](2012)针对带未知时延的严格反馈非线性系统研究了一类自适应神经网络控制算法，其中径向基函数神经网络用于逼近未知的非线性函数，通过构造Lyapunov-Krasovskii函数的方式对未知的时延项进行补偿，并使用动态表面法克服设计中的复杂度爆炸问题。Serhat Yilmaz等[23](2013)考虑燃料消耗的效率、可靠性和排放要求指标，建立了模拟四冲程柴油机喷射过程的微型控制器电子教育平台，其中，通过查表的方法确定喷射顺序，使用前馈神经网络确定活塞的喷射时间，该方法以对活塞的喷射时间进行精确插值的方式实现对燃料消耗的优化。Lin[24](2015)考虑使用永磁同步电机伺服驱动系统的V带无级变速器的非线性和时变特性，同时考虑使用线性控制器对其进行耗时问题参数调节，提出了一类基于Lyapunov稳定性定理和梯度下降法的在线神经网络控制算法，其中根据离散Lyapunov函数导出了算法的两个最佳学习速率以增强收敛速度，最后使用实物模型进行了验证。Lin等[25](2014)针对无人机控制问题提出了一类基于复现小波神经网络的控制算法，其中复现小波神经网络用于模拟理想的控制器，然后使用滑模方法导出了复现小波神经网络的参数自适应规则，仿真结果表明，将该算法用于期望轨迹追踪，在控制效果恶化和侧风干扰的情况下均取得了良好的控制效果。王康等[26](2016)通过递归神经网络的方法，以矿渣微粉生产过程为研究对象，设计了具有控制约束功能的跟踪控制器。任雯等[27](2015)采用标准神经网络模型对非线性系统进行描述，提出了基于无线控制网络的全分布式控制方法，该方法使用置信因子模拟网络化控制系统中的无线通信链路的不确定性，利用Lyapunov理论将无线网络化控制系统的稳定性分析问题转化为具有线性矩阵不等式约束的凸优化问题，得到了能够保证系统全局渐近稳定的网络化控制系统的配置参数，并进行了仿真验证。Behrooz Rahmani等[28](2012)提出了用于预测不确定网络时延的新方法和网络制造闭环控制方法，该方法采用基于多层感知器的神经模型对时延进行预测，为了使第一层神经元的数量最小化并减少计算负担，提出了用于确定时间延迟序列的马尔可夫链模型，并在时延预测和零阶保持等效离散时间模型的基础上，提出了具有实时增益更新策略的时变状态反馈控制算法，最后对所提出的方案使用网络化 DC 电机和铣床进行了验证。黄丽莲等[29](2012)针对时延给网络化控制系统造成的负面影响，将传输网络和被控对象建模为时变被控系统，使用 Smith 补偿器减小了网络时延对系统的影响，然后将小脑模型控制器与 PD 控制组成复合控制器，进一步减少了时延估计误差对控制系统的影响。于晓明等[30](2012)针对网络化控制系统中随机、时变、不确定的信息传输时延，采用带有时间戳的线性神经网络对时延进行在线预测，选用 widrow-hoff 规则作为神经网络的学习方法，进而获得了无刷直流电机调速网络化控制系统的数学模型，并使用模型参考自适应控制方法设计闭环控制器，最后使用无刷直流电机调速网络化控制系统对算法进行了验证。刘达等[31](2014)使用小波神经网络对工业以太网时延进行预测，其方法根据过去时刻的时延预测下一采样时刻的网络时延值，预测模型的参数可在线更新，其中数据采用实际工业以太网的时延数据，并将预测模型应用于网络化控制系统，验证了时延预测算法对控制性能的影响。Tsai 等[32](2017)为一组具有不确定性的网络移动机器人提出了具有障碍躲避功能的控制算法，每一个机器人被建模为衰减的“三入三出”二阶不确定模型，基于 Lyapunov 稳定性理论和模糊小波神经网络在线处理系统的不确定性，提出了一种针对不确定情况的分布式自适应控制方法，使机器人能够躲避机器人之间的碰撞，同时也能够躲避工作环境中的障碍物。Li 等[33](2015)研究了具有主从框架的三边远程操作系统，远程操作系统中的网络延迟被建模为基于马尔可夫链的随机延迟，通过引入未知环境来约束系统的动态模型，将神经网络和参数自适应机制结合起来用以处理系统的不确定性和未知的系统动力学特性。严丽等[34](2014)对网络化控制系统及其时延性能进行了分析，进而建立了遗传算法——Elman 神经网络时延预测模型，用于对时延进行预测和补偿，提高系统的控制性能。Indranil Pan 等[35](2013)针对带随机数据包丢失的网络化控制系统，提出了一种新型次优状态反馈调节器，对于设备的离散时间模型，使用 Lyapunov 技术产生双线性矩阵不等式，使用遗传算法对其进行优化以降低求解不等式的复杂度，并使用重构粒子群算法优化状态反馈调节器的权值矩阵。Amin Karami[36](2015)对命名数据网络的拥塞问题进行了研究，提出了算法用以控制拥塞时的流量，即通过粒子群算法和遗传算法优化时间滞后前馈网络，以预测拥塞源和拥塞量，然后采用基于非线性模糊逻辑控制系统作出主动决策，进行预先控制以防止分组丢弃。Zhou 等[37](2008)为降低网络化控制系统中的时延提出了一种动态重构遗传算法，该算法还能用于处理网络化控制系统中的路由选择问题，能够降低路由选择所需要的时间，对遗传算法的量化编码问题、初始种群数、选择算子、交叉算子和变异算子的选取及对算法性能的影响进行了分析，并使用专用的修复函数对算法的性能进行了提升，使得该算法特别适合最小化网络化控制系统中的时延。Tian 等[38](2014)针对由以太网组成的网络化控制系统中的随机时延，提出了一种混合方法，首先使用 db3 小波对时间序列进行分解和重建并计算出时延序列的近似分量和细节分量，根据近似分量和细节分量的不同特征，通过回波状态网络模型和自回归集成移动平均模型对时延进行预测，然后进行求和，其中，使用遗传算法优化回波状态网络的参数。Elahe Hosseini 等[39](2015)对无线传感器网络的网络结构进行了研究，高可靠性和低功耗是无线传感器网络设计的主要要求，该多目标问题被建模为功耗和数据可靠性的优化问题，使用改进后的遗传算法对其进行了寻优。Nasim Nezamoddin 等[40](2015)提出了一种基于遗传算法的网络设计方法，该方法考虑到网络拓扑和可靠性分配的多种选择，使用遗传算法对网络路径进行了优化。Wang 等[41](2016)研究了双层网络工业过程中基于性能的控制设计问题，在设备层，采用逆步技术设计了新的自适应模糊控制器以保证算法的跟踪性能；在操作层，使用随机扰动、实际值、预测值、期望值作为参数，设计了具有离散时间形式的优化控制器。Tian 等[42](2015)使用经过粒子群优化的最小二乘支持向量机对电流时延进行了预测，使用预测值作为实际值对时延进行了补偿，为了提高补偿效果，提出了一种基于比例积分结构的隐式广义预测控制算法，并设计了基于比例积分的广义预测控制器。

最后，将政府应急管理体系的建设融入智慧城市的建设之中，实现政府治理能力的现代化。其中，“一案三制”是国务院确立的构建我国应急管理体系的核心框架，最初的理论研究多是围绕这个框架展开的本体论研究。薛澜及钟开斌(2005)的观点比较有代表性，他们认为对不同公共突发事件进行分类、分级与分期，是建立相应的应急管理体系的基础，并依此提出了政府应急组织体系全面整合的原则：职责分工、条块结合；分级管理、重心下移；预防为主、平战结合。张小明(2003)指出，公共危机的管理主体既包括政府部门、非政府部门，也包括企业等私人部门，甚至公民个人也包括在内。另外，我国不少学者也从不同视角提出了构建设想，主要有四种观点：占主导地位的“制度论”认为，我国政府对近年来一系列危机处理不力的主要原因在于相关机制不健全、法治不完备；“经验论”从感性角度出发，主张学习美国、日本等发达国家的成功经验，吸取他们的教训，为我国相关制度建设提供借鉴；“全面整合论”主张在高层政治领导者的直接领导和参与下，通过法律、制度、政策的作用，在各种资源、系统的支持下，形成整合组织和社会协作的全程危机管理；“公共关系论”认为，应当注重科学地运用公共关系学的原理、方法来应对危机。关于突发事件的应急管理机制研究，主要集中在应急机制的建设、设计原则和机制评价，如机制的有效性等方面。Stuart Batho 等[43](1999)通过对曼彻斯特一次恐怖袭击的分析，实际论述了危机管理对可控的灾后恢复的作用，得出各方协作对灾害后的恢复起着正面的效应；K. M. Kowalski[44]

(1995)认为，城市灾害应急管理包括危机管理规划、受培训的人力、适当的装备、有效的信息沟通机制以及有知识和决断力的领导；Rita Jalali[45](2002)通过对土耳其1999年地震后的评价分析，表明政府的管理有一个由不称职到高效的转变过程，同时还探讨了政府和公共社区的救援体制以及媒体在其中起到的积极作用。Wybo及Kowalski[46](1998)从建立危机事件管理中心的角度，对中心的发展和评价模型进行了分析，特别强调了对相关所有人员的绩效和反映评价的重要意义。他们认为，危机管理应该是多人合作的、多专家的、决策共享的，造成危机管理效率低下的一个核心问题是缺乏足够的通信。Ikeda等[47](1998)认为应急管理机构中不同部门有不同的职责，各部门各司其职，通常应当由一个决策者做出最后的决策，并且对整个应急管理过程负责。通过各部门间的沟通和信息交换，多个部门会产生多个行动方案，由多个部门一起评价这些方案，对其进行最满意排列，并把结果上报给最高决策者。David A. McEntire[48](2003)认为针对灾害性的突发事件应加强综合应急管理，提出通过脆弱性分析，建立一种“无损失发展”(invulnerable development)的应急管理模式，来引导学者和实践者共同努力减少灾害的损失。Eivind[49](2003)认为一种有效的应急管理应是以目标为核心的，在落实时，经常并不清楚哪些因素会影响应急管理的成败，其针对事件的现场指挥，提出了在突发事件不确定性之下的决策模型，并对该模型的应用进行了分析。Turner[50](1976)在调查的基础上，依据突发事件的影响和后果对突发事件的发展进行了划分，建立了突发事件的应急反应模型，并将突发事件的演化过程分为理论上事件的开始点、孵化期、急促期、爆发期、救援和援助期、社会调整期等几个阶段。Turner认为灾害的减少需要依据每个阶段的不同情况给予相应的措施。Dymon[51](2003)对现存的关于灾害和紧急事件的标志以及与之相关的词汇做了调查和统计，认为为了有效实现信息共享，应当建立一个统一的符号和标准来进行信息交流。Ross Prizzia[52](2005)通过调查研究认为：在灾难准备和响应过程中，组织、应急管理者和媒体记者在机构协调中各有作用，提出了改进应急管理机构协调和灾害管理能力，以及做好家庭应急准备和地方社区应急队伍建设的建议。他认为对应急响应协调员进行连续训练能够完善对灾害预防的准备工作；此外，灾难中媒体报道与管理部门的协调也能促进应急管理工作效率的提高。Ibrahim等[53-54](2002，2003)通过对马来西亚在1968—2002年7个灾害性突发事件进行调查，构建了灾害性突发事件演化模型，突发事件发生前可分为7个阶段，即错误产生阶段、错误聚集阶段、警告阶段、纠正或改正阶段、不安全状态阶段、诱发事件产生阶段、保护防卫阶段。该模型基于组织系统内部各因素的相互作用机理以及事件发生后的传递作用，期望通过分析各类因素在灾害事件孕育期的相互作用来避免事件的发生。Burkholder等[55](1995)依据突发事件的发展过程，提出了突发事件的三阶段模型。该模型将突发事件分为三个阶段：前突发事件阶段、晚期突发事件阶段、突发事件阶段。模型描述了不同阶段突发事件的状态，提出了必须依据突发事件的阶段特征，设定不同的目标和采取不同措施来平息突发事件。包晓[56]（2005）针对城市公共安全问题，提出了应急机制建设的若干构想。沈荣华[57]（2006）针对城市应急管理模式创新问题，从我国面临的挑战、现状和未来选择角度进行了分析，认为应建立城市政府一体化的综合应急管理体制和机制；柳宗伟、景广军[58]（2004）认为信息技术可促进我国城市危机管理机制创新的建设，并从决策支持系统角度探讨了城市危机管理的统一管理机构；史培军等[59]（2006）提出了区域综合公共安全管理模式。由此可见，我国学术界对于城市灾害的相关研究，已经从传统的以地震等自然灾害为主，发展到了更为广泛的自然和人为灾害分析以及政府灾害应急管理等方面。

应急管理体制是“一案三制”的重要组成部分，也是应急管理的组织基础。按照西方新公共管理运动中风行的“治理”概念，以及中共十八届三中全会《关于全面深化改革若干重大问题的决定》中提出的“创新社会治理体制”，应急管理体制理应内涵丰富。但在我国学界研究应急管理初期，曹沛霖[60]（2000）将应急管理体制局限为行政应急管理体制，即政府机构的组织设置。这也体现在《突发事件应对法》的条文中，其第四条规定：“国家建立统一领导、综合协调、分类管理、分级负责、属地管理为主的应急管理体制。”这是典型的行政术语；其他法条规定的管理或责任主体皆为国务院或地方政府，另有部队属特殊责任主体，整部法律未涉及其他社会管理（治理）主体，这也是受立法所处时代局限。我国的应急管理体制存在的问题：在机构设置上，以管理个别灾害的部门为主；在权力控制上，我国没有制定紧急状态法；在参与主体上，主要为政府主导；在应急计划中，由于分散，现有应急计划没有被有机地整合；在技术支持系统方面，我国目前缺乏一个完整和协调良好的技术支持系统，在作出紧急决定时缺乏有效的技术支持。因此，大数据下的应急管理体制需要进行改革，以应对新时代下的各种风险。

1.3 研究内容

在理论层面，本书对智慧城市公共安全应急管理的治理模式进行了研究和探讨。以危机管理五阶段理论和整体性治理理论为基础，其中，危机管理理论包含信号侦测、探测和准备、防控损失、恢复重建和反思学习五个阶段。整体性治理理论即面向公民的需求，以先进的信息技术为基础，以协同合作为治理方法，有机整合优化治理阶层、职责、组织关系等碎片化的问题。本书将从离散到统一、从局部到整体、从零散到整合进行归纳，进而不断完善政府提供给居民的治理模式。综合应急交通管理与数字孪生技术从理论上探索了数字孪生技术在应急交通管控中的应用，并提出了智能决策框架，以优化传统管控方法。

在技术层面，智慧安全城市的实现需要从信息的获取到智能控制的实现。研究基于图像序列的建筑识别方法，采用方向可控滤波代替传统 HOG 方法中的滤波模板，改进 HOG 的梯度求解方法，提取水平和垂直方向的边缘信息，并利用支持向量机器学习方法对建筑物进行分类。同时，为分析和研究智慧城市优化控制的模糊控制模型，将混沌的思想引入 BP 神经网络算法设计一种全网模糊控制器，解决 BP 神经网络存在收敛速度慢、容易陷入局部极小值的问题，使模糊推理的实现过程网络化、清晰化。利用数字孪生技术和先进算法，通过 HTN 规划和 SVM 模型的应用，提高应急交通管理的实时性和准确性。

在制度层面，以前面研究为基础同时剖析大数据背景下的应急管理体制的问题，对我国应急管理体制的改革途径进行探讨。同时，进行智慧交通管理制度的创新，尤其在资源调度和特殊情境下提供更精准的管理策略，并以北京市综合减灾机制为案例分析建立和完善智慧城市公共应急机制的重点。

第 2 章　相关概念及理论基础

2.1　智慧安全城市

2.1.1　智慧城市的概念与特征

智慧城市的概念由 IBM 公司于 2010 年首次提出，概念中将城市视为由多个核心系统组成的宏观系统，其中包括组织(人)、业务/政务、交通、通信、水和能源。这些系统不是孤立的，而是通过网络和协作方式相互连接。智慧城市的关键在于实现这些系统的协同作用，通过信息和通信技术的整合，使城市运行更高效、更可持续，并提高居民生活质量。每个系统在城市的整体运作中都发挥着关键作用。人的参与被强调为城市发展的核心，社区参与和数字化社交平台鼓励居民更积极地参与城市事务。政务和业务的数字化整合提高了政府服务效率，为城市经济和治理提供了支持。交通系统通过实时数据分析和智能调控优化交通流，推动可持续交通方式。通信基础设施的先进性为城市内外提供了无缝连接，促进信息的便捷获取。通过监测和调控对水和能源进行智能管理，提高了资源利用效率，助力城市可持续发展。智慧城市的核心在于各系统的协同与互联，以实现城市整体的灵活性和应变能力。关键的数据库不仅是信息的存储库，更是决策和规划的基石。通过对海量城市信息的分析，城市管理者能够预测发展趋势，制定更科学的政策，有效地应对危机和突发状况。智慧城市不仅强调实时运行，更注重科学研究和智慧发展。科学研究通过深入分析城市数据提供新的洞见，而智慧发展旨在在保障可持续性的前提下提升居民生活水平。尽管智慧城市充满潜力，但也面临一系列挑战，如隐私和安全问题、数字鸿沟的扩大以及基础设施投资的高成本。应对这些挑战需要政府、企业和社会各界的合作，形成共同推动智慧城市可持续发展的合力。综合而言，智慧城市代表了城市管理和发展的未来方向，其成功实施需要全社会积极参与和合作，共同构建一个更加联动、智能、可持续的未来都市。

智慧城市的演进是新一代高新信息技术集成应用的产物，它巧妙地结合了数据挖掘、信息管理和人工智能等先进技术，旨在赋予城市以人类大脑的思维能力。通过数字化和智能化的响应机制，智慧城市能够实现对城市内各项服务的智能化管理，为公众提供更为安全、智能和便捷的生活体验，从而保证城市的安全与发展相互协调。不同于一些城市概念仅着眼于科技方面的发展，智慧城市更强调人的核心作用。它将先进科学技术融入城市生活，以人为本，倡导人际协同发展。智慧城市的设计目标是通过引入人工智能等技术，为居民提供更人性化、个性化的服务，从而提升城市的居住体验。这一概念强调整合城市中的所有必要元素，创造一个互联互通的城市环境。智慧城市的连接模式是网络化的，通过信息和数据的共享，不同系统之间实现了无缝连接。这种连接模式不仅仅是城市内部各要素之间的互通，还包括城市与居民之间的互动，构建了一张庞大而完整的智慧网。政府在智慧城市中扮演着智慧化管理的角色，通过对整个智慧网的监控和管理，政府能够更加精准地了解城市的运行状况，及时作出决策响应。这种智慧化管理不仅提高了城市治理的效率，也有助于更好地满足居民的需求和预防潜在问题的发生。

智慧城市具备多项特性，从而在整体上推动城市向更先进、高效有序以及以人为本的方向发展。这些特性通常包括如下几个方面：

(1)智慧城市以科学技术为主导，强调大力发展、改革创新，实现先进科学信息技术的应用。这意味着城市将积极采纳并应用新兴技术，如人工智能、物联网、云计算等，以提高城市运行效率，优化资源利用，实现更为智能化的城市管理和服务。

(2)智慧城市以网络安全为支撑，致力于完善城市体系规划，实现高效有序的城市管理，同时强调保障网络空间的安全。这体现在对城市基础设施、信息系统的安全建设以及对网络空间的监控和维护，以防范网络攻击和数据泄露等风险。

(3)智慧城市以大数据为要义，鼓励开放数据互融、互通、互享平台。这表明城市将数据视为重要的管理工具，通过数据分析和挖掘能够更准确地洞察城市运行的情况，为决策提供科学依据，同时推动城市的创新和可持续发展。

(4)智慧城市秉持以人为本的发展理念，强调最终实现人与城市的共同发展和共同进步。这包括提高居民生活质量、创造更具人性化的城市环境、促进社会公平和包容，以确保科技发展不仅服务于城市的高效运行，还能更好地满足居民的需求。

2.1.2　智慧城市与安全城市

智慧城市是指利用信息技术、物联网、大数据等现代科技手段，对城市进行综合管理和优化，提升城市的运行效率、资源利用效率和居民生活质量。智慧城市注重整合各类城市数据，并通过智能化的系统和算法进行分析、预测和决策，以实现城市的可持续发展和提供更好的公共服务。而安全城市则侧重城市的安全管理和风险控制。安全城市强调保障居民的人身和财产安全，预防和应对各类安全威胁和突发事件，包括犯罪、火灾、交通事故、自然灾害等。安全城市注重建立高效的监测、预警、响应和处置机制，以保障城市居民的安全。

智慧城市与安全城市之间存在着紧密的关系。在数据共享与整合方面，智慧城市需要整合各类城市数据，其中包含安全领域的信息，如视频监控数据、传感器数据等。通过数据共享和整合，可以提供更加准确和全面的安全信息，为制定安全城市的决策和措施提供科学依据。同时，在实时监测与预警方面，智慧城市的监测系统可以实时获取各类安全指标和数据，如交通流量、犯罪发生率等。基于这些数据，可以建立智能预警系统，及时发现异常情况并作出响应，提高城市的安全性。此外，智慧城市还能利用大数据和智能算法进行智能决策和优化资源分配，包括安全资源的配置。通过分析和预测安全风险，可以优化安全力量的调度和布局，提高安全城市的整体效能。并且，智慧城市强调多部门、多机构之间的协同合作和信息共享，这对于安全城市尤为重要。不同的安全领域(如公共安全、交通安全、环境安全等)需要各自的部门和机构进行管理，通过智慧城市的协同机制，可以实现更高效的城市安全管理，提高应对风险的能力。

综上所述，智慧城市和安全城市是相辅相成的概念，智慧城市的发展可以为安全城市提供技术支持和数据基础，同时安全城市的建设也是智慧城市发展的重要组成部分。它们共同追求城市的安全、可持续和智能发展，并为居民创造更美好的城市生活。

2.1.3　智慧城市视域下的公共安全应急管理

城市公共安全问题在智慧城市建设中是举足轻重的要素，它结合了云计算、地理信息系统、大数据和物联网等新兴技术，并将它们应用于应急管理当中，有效提高了城市预防灾害、应对突发事件的能力。加快智慧城市和应急管理相关产业的协调发展，不仅有利于改善城市的治安能力，还能加快智慧城市产业创新的进程。应急管理的智慧化建设可以有效维护公共安全和秩序，保证政府对于公共事件管理体制的完善，更好地提供民生服务。

在公共安全事件的应对中，智慧城市的理念与技术不可或缺，充分利用科学信息技术对整个城市进行全面感测与分析，建立人与物之间的关系，可以促进人与物、物与物的协同合作，从而能够实时、准确且全面地接收各类危机提示信息，有效预防突发性灾害。在危机发生时，通过信息实时共享，组织和协调各部门积极应急响应，相关工作人员和现代化科学技术有效结合，可实现对城市公共安全突发事件更加稳定、高效、人性化、智能化的管理。

智慧城市的公共安全应急管理特征包括：通过更精准化的感知、高效化的管理，使城市具有对突发事件的预知、预警、预报以及自动应对的特性，从而实现更加快捷安全的城市管理。公共安全智慧应急可对台风、骤雨、干旱、流行病等自然灾害和恐怖事件、公共突发事件等人为灾害进行预警，同时将事件情报进行传输与收集，并根据现有信息源发出指令、实施救援，做到无障碍沟通和协作，使居民的人身和财产安全得到充分的保障。表 2. 1 显示了智慧城市视域下的公共安全应急管理同传统模式的公共安全应急管理的显著差异。

表 2. 1　公共安全智慧管理模式与公共安全传统管理模式特征比较

比较内容	传统公共安全管理模式	智慧公共安全管理模式
机构设置	科层制、相对封闭	开放、共享、动态、协作
组织结构	纵向层叠、横向分割	基于多元网络、动态管理
管理方式	政府单项管理控制、相应被动	多主体参与、数据驱动
信息获取	不完整、分散、不完善的系统	全面的、系统的数据收集
信息共享	封闭、信息渠道不畅通	信息互通共享、安全信息共享
技术应用	经验决策多于科学技术的支撑	先进的综合技术应用
系统运行	行动分散，缺乏应急联动性	协同行动，具有一致性

2. 1. 4　范畴与挑战

智慧安全城市利用现代信息技术、物联网、大数据等手段，建立智能化的城市安全管理系统，实现对公共安全、交通安全和环境安全等多个领域的高效、智能和综合化管理。在公共安全方面，智慧安全城市可以利用智能算法和预测模型，实时监测和预测潜在的安全风险，及时采取措施预防火灾、抢劫、盗窃等公共安全事件的发生，提高居民的安全感。在交通安全方面，实时监测交通流量、拥堵情况和交通事故，并通过智能算法和预测模型，提供准确的交通状况和预测，进而采取相应的缓解和预防措施，提升交通运输效率，减少交通事故的发生。在环境安全方面，实时监测和分析环境污染、气象灾害等信息，提供准确的环境风险预测，并采取相应的措施来减轻和应对环境灾害，保护城市的生态环境和居民的健康。总之，智慧安全城市通过运用信息技术和智能化手段，实现城市安全的高效、智能化和综合化管理，提升城市居民的生活质量和幸福感。它将成为未来城市发展的重要方向，对于构建安全、稳定和可持续发展的城市具有重要意义。

然而，智慧安全城市的建设也面临着一系列挑战。其中之一是隐私保护。随着智能化技术的广泛应用，智慧安全城市需要收集大量的个人和公共数据来实现对城市安全的监测和管理，这引发了公众对于个人隐私权益的担忧，如何在满足安全需求的同时保护个人隐私成为一个重要的挑战。另一个挑战是数据安全。智慧安全城市需要处理和存储大量敏感数据，包括居民信息、监控视频、交通数据等，这些数据的泄露或遭受网络攻击可能导致严重后果，涉及个人隐私泄露、犯罪活动，甚至社会治安问题。因此，必须采取有效的安全措施，以保护数据的安全性和完整性，防止黑客入侵和恶意攻击。此外，智慧安全城市涉及多个领域的技术和设备，各系统之间需要实现互联互通、信息共享和协同作业。由于不同系统在技术标准、数据格式和接口定义上存在差异，这给系统集成和运行带来了一定的挑战，需要制定统一的技术标准和规范，推动各系统的互操作性，从而确保智慧安全城市有效运行。社会接受度也是智慧安全城市发展的一个重要方面。尽管智慧安全城市可以提供更高效、更便捷的服务和更安全的生活环境，但公众对于监控、数据使用和隐私保护仍存在担忧，必须加强与公众的沟通，解答公众的疑虑，建立透明、可信赖的机制，从而增加公众的信任度和接受度。最后，建设智慧安全城市需要大量的资金和技术投入，包括建设智能感知设备、数据中心、网络基础设施等方面的费用，如何合理分配资源、降低成本，是智慧安全城市发展的一大挑战。

总之，智慧安全城市建设面临着隐私保护、数据安全、技术标准与互操作性、社会接受度和成本投入等多个挑战。只有克服这些挑战，才能实现智慧安全城市的高效、智能化和综合化管理，为居民创造更安全、舒适的生活环境。

2.2　公共安全应急管理

2.2.1　公共安全应急管理的概念

公共安全指公民个人、社会和企业进行日常生活、工作、学习、娱乐和交际所需要的外部安全环境和稳定的秩序，其中包括城市生命线安全、信息安全、公共卫生安全、公共交通安全、食品安全、人员疏散的场所安全、城市建筑安全、生命财产安全等。应急管理的概念是基于特别重大事件提出的。应急管理指政府和相关部门对紧急情况的提前预防和预警、发生之时的应急处理以及突发事件过后的恢复和重建工作，通过设立有效的危机应对机制，对突发事件进行相应的处理，采用科学的管理知识和先进的技术手段，保障居民的健康和人身财产安全，更好地为居民提供安全有序的生活。

公共安全应急管理主要包含对突发事件的事前、事中、事后所有相关事件的管理。中国行政学会课题组将公共安全应急管理定义为：政府面对公共安全突发事件所采取的一系列的相关措施。公共安全事件具有突发性、连锁性、频发性、交叉性和衍生性，传统和非传统的公共安全事件处于频发态势。公共安全应急管理是政府管理职能的体现，具有政府主导性，政府掌管着城市的人力资源和行政资源，拥有社会动员能力。

公共安全应急管理是为保障人民生命财产安全，防范和应对突发事件、灾害事故等公共安全事件而采取的一系列措施和行动。其内容包括自然灾害、社会安全事件和公共卫生事件等各类突发事件的应急处置和管理。其中，突发事件是指具有不确定性和突发性、对公共利益和人民生命财产安全造成重大影响的事件，如地震、洪水、暴雨、交通事故、火灾、爆炸、传染病暴发、食品安全事故、恐怖袭击和社会动乱等。公共安全应急管理需要政府、企事业单位、社会组织和公众等多方参与，通过建立应急管理机构和体系，组织和调动各方力量，形成合力应对突发事件。其目标是尽可能减轻灾害事故造成的影响，包括减少人员伤亡、财产损失和生态环境破坏，并通过应急措施和手段保障人民的生命安全和身体健康。同时，公共安全应急管理也要求维护社会稳定和秩序，防止谣言传播、社会恐慌和社会动乱等不利因素的出现，保持社会的稳定。因此，在应急管理中，需要预防和应对自然灾害，建立防灾设施，加强监测预警；对事故灾害、公共卫生事件和社会安全事件，要建立应急预案和机制，加强监测预警、危险源防控、救援处置等工作；在突发事件发生后，政府和有关部门需要迅速采取措施，及时发布准确信息，维护社会正常秩序，保障人民的安全感和社会稳定。

综上所述，公共安全应急管理是一项综合性、系统性的工作，旨在保障人民的生命财产安全，减轻灾害事故的影响，维护社会稳定和秩序。各方应积极参与，形成合力，共同应对各类突发事件，为建设安全、稳定、和谐的社会作出贡献。

2.2.2　危机管理五阶段理论

危机管理五阶段理论，亦称 M 模型，是由危机管理专家米特罗夫(Mitroff)和皮尔逊(Pearson)于 1994 年提出的危机管理模型。这一理论提供了一种系统化的方法，帮助组织在面对潜在危机时进行全面的规划和应对。在智慧城市的应急管理中，五阶段论的理论框架可为城市决策者提供有力支持，使得危机管理更加科学、高效。

第一阶段：信号侦测阶段。这个阶段强调通过已有的经验知识和技术手段对潜在的危机进行系统识别。在智慧城市中，先进的感知技术、大数据分析以及人工智能等工具可以用于监测城市各个方面的数据。传感器网络、社交媒体分析、气象数据等都可以为城市提供重要信息，帮助识别潜在危机的信号。通过数据的实时监测，城市可以更早地感知到潜在的风险和问题，为危机管理提供更多的预警时间。

第二阶段：探测和准备阶段。在这一阶段，组织需要对潜在的危机进行深入探测，并为可能发生的危机做好准备。在智慧城市中，城市规划者可以利用模拟和预测技术，分析可能的危机场景，制定相应的预防和应对策略。此外，智能交通管理系统、紧急医疗救援系统等智能化设施也可以加强城市对危机的准备工作。通过整合各类信息和资源，城市能够更有针对性地进行危机管理的预案制定和资源配置。

第三阶段：防控损失阶段。危机发生时，城市需要迅速行动，搜寻已判定的危机因素并努力减少危机带来的损失和灾难。在智慧城市中，实时数据监测和分析能够帮助城市快速作出反应。智能交通系统可以优化交通流量，减少交通事故风险；医疗卫生系统可以迅速响应，提供及时救援服务。物联网设备的广泛应用使得城市各个部门能够协同工作，更加高效地进行应急响应，保持城市正常运作。

第四阶段：恢复重建阶段。一旦危机得到控制，城市便需要迅速恢复正常运转状态。在智慧城市中，恢复和重建阶段同样可以借助先进技术实现。大数据分析可以帮助城市了解危机造成的损失情况，快速确定重点修复区域。智能城市设施的迅速启动，如智能能源管理、智能交通调度等，都有助于城市快速回归正轨。

第五阶段：反思学习阶段。这一阶段强调对整个危机管理过程的反思和学习。在智慧城市中，通过对危机事件的数据进行深入分析，城市可以总结经验教训。这一过程是城市不断进步和提升应急管理水平的关键。通过对危机管理的反思学习，城市可以不断改进应急预案，提升危机管理的效率和能力，为未来的危机应对积累更多的智慧和经验。

在智慧城市的建设中，五阶段理论提供了一个全面而系统的框架，为城市应急管理提供了科学依据。通过充分利用先进的技术手段，城市可以更加高效、准确地应对各类潜在危机，为居民提供更为安全、有序的生活环境。

2.2.3 整体性治理理论

佩里·希克斯在《迈向整体性治理——新的改革议程》中提出的整体性治理理论，为现代城市治理提供了一种创新性的思考方式。这一理论以先进的信息技术、协同合作为基础，致力于解决治理中的碎片化问题，通过有机整合优化治理阶层、职责、组织关系等方面的问题，实现从离散到统一、从局部到整体、从零散到整合的治理模式变革。将这一理论与智慧城市公共安全应急管理的观点相结合，为城市提供了一种全新的应对突发事件的治理框架。

整体性治理理论的核心在于面向公民的需求，通过先进的信息技术和协同合作的方法，将碎片化的治理问题有机整合，实现整体的治理效果。在智慧城市的公共安全应急管理中，这一理论具有显著的指导意义。首先，它能够解决政府内部机构和部门各自为政、缺乏统一指挥的问题。通过整体性治理的方法，政府可以更加高效地协同各个部门，形成统一的指挥体系。在突发事件发生时，各部门能够快速、有序地响应，有效地协同各方资源，提高应急管理的效率。同时，整体性治理理论注重居民需求和社会服务，符合智慧城市以人为本的建设理念。在公共安全应急管理中，居民的安全是首要关切。通过理论中对居民需求的重视，可以构建更加人性化的应急管理系统，更好地满足居民的实际需求。整体性治理理论的理念与智慧城市建设中对人的关注相契合，有助于建立更加人性化、关注民生的公共安全应急管理体系。其次，整体性治理理论为城市管理提供了新的理念和工具。通过整体性治理，政府可以将传统的管理模式转变为更加灵活、高效的网络模式。在智慧城市建设中，这一理论提供了一种创新型的治理工具，通过先进的科学技术，如大数据、人工智能等，可以更好地进行城市治理。网络模式的引入使得城市治理更具透明度，政府的职能更加贴近居民需求，可以形成更加灵活和智能的管理体系。

佩里·希克斯的整体性治理理论为智慧城市公共安全应急管理提供了一种全新的理念和方法论。通过将整体性治理理论与智慧城市的理念相结合，可以构建更加高效、人性化、智能化的公共安全管理系统，为城市居民提供更安全、有序的生活环境。这一理论的应用不仅在理念上推动了城市治理的转型，更在实践中提升了城市应对突发事件的能力和水平。

智慧城市背景下加强城市公共安全的意义，在于建设智慧城市能够全方位、实时获取城市公共安全的信息，实现城市治安、消防、医疗指挥中心三个报警平台合一，面对突发公共事件时能够做到事前高效预防预警、事中精准高效处理、事后完善防范措施。智慧城市的建设不仅能够快速有效地打击违法犯罪，减少恐怖暴力事件的发生，同时也能有效提升公安部门的管理效率和面对突发事件时的应急处理能力，对保护公民的生命健康不受威胁、财产不受破坏以及社会的和谐构建都具有重要的现实意义。

至今已有许多发达国家和地区将智慧城市的理念和技术应用到公共安全突发事件的应急管理中，并取得了一定成果。应用先进的科学技术，经反复实践，可以推动城市的进步，提高城市的智慧化水准与整体安全水平。同时，也促进了政府和企业及社会安全管理者之间的协作，为解决公众安全问题和处理、规避风险提供了可能。

2.3　数字化建模

2.3.1　数字化建模的概念

城市的数字化建模是实现智慧安全的基础，而搭建城市智慧安全平台则是数字化建模的核心。平台的建设是一项复杂而长期的工作，需要在顶层设计的指导下进行，以集约建设的方式，避免分散建设导致的人员、资金等资源的重复和浪费。在这一过程中，平台的建设应按照城市智慧安全专项应用和综合应用系统建设的计划，分步实施，确保各个阶段的工作能够顺利展开。城市智慧安全平台的建设需要统一规划和设计。在顶层设计的指导下，要制订清晰的平台建设计划，确保平台在不同阶段有序推进。这包括确定平台的基本框架、功能模块、数据标准等，以确保平台的可持续性和可扩展性。

平台建设过程中要保障各部门物联监测信息资源的互联互通，打破信息孤岛，促进各类物联监测信息资源的共享共用是数字化城市模型的关键。通过建立统一的数据标准和互联互通的接口，各个部门的信息资源能够无障碍地交流和整合，形成更完整的城市数字化模型。同时还需要遵循统一的标准规范。涉及的相关部门众多，为确保平台发挥整体效益，必须在建设过程中遵循一致的标准和规范。这涉及数据格式、安全协议、应用接口等方面的规范，以确保平台的互操作性和一体化运作。在平台建设中，特别需要关注平台的安全性。城市智慧安全平台涉及大量敏感信息，包括监控数据、个人隐私等，因此在传输网络、应用等多个方面都需要保障平台的安全。采用先进的加密技术、安全协议、健全的权限管理体系，以及建设防护墙、备份系统等手段，确保平台不受恶意攻击，数据得到有效保护。要与当前的先进技术相结合，注重实用和实效。先进、可靠、实用是平台建设的原则，要紧跟科技发展的最前沿，结合城市实际需要，选择合适的技术和解决方案。平台的建设应具有可扩展性，易于管理和维护，以适应城市快速变化的需求和技术环境。城市智慧安全平台的建设是一项复杂而综合性的工程，需要在统一规划下有序推进。通过顶层设计、互联互通、统一标准、安全保障等手段，可以打造出具有可持续性和创新性的数字化城市模型，为城市的智慧安全提供坚实的基础。这一平台的建设不仅有助于提高城市治理的效率，也有助于为居民提供更安全、便捷的城市生活环境。

智慧公共安全支撑系统主要依托智慧城市平台，包括智慧城市通信网络基础设施、公共平台与数据库系统，涵盖数据层、通信层、感知层和安全支撑体系。同时为确保资源整合、信息共享、系统互联，必须遵循智慧城市相关标准和规范。智慧公共安全的建设内容包括专项应用、综合应用及根据专项应用的需求进行的前端传感器部署。专项应用包括安全生产以及交通安全与城市生命线安全、极端天气安全、食品与公共卫生安全、城市环境安全、人防工程安全、城市核心区安全。综合应用包括城市风险分析评估、城市运行综合体征安全评价、应急平台、预警信息发布、智能辅助决策、综合展示。前端传感器根据各专项应用的需要部署，利用射频识别、各种传感器、卫星定位、激光扫描和视频监控及智能分析等感知设备，实时获取公共安全管理对象的信息，同时也可以接入其他智慧应用的相关监测数据。

智慧安全是构建智慧城市的前提和保障，是智慧城市建设的重要组成部分，与智慧城市其他专项建设相互衔接、相互支撑，共同构建城市智慧化的应用。在日常状态下，智慧公共安全可以为智慧城市基础信息平台提供城市安全相关基础信息，并实时采集城市其他智慧应用系统的日常安全监测信息，通过城市运行综合体安全评价系统对城市整体运行状况进行评估，指导城市管理及服务建设。在应急状态下，突发事件发生后通过同智慧管理与服务系统(如公安、医疗)等联动，完成城市各职能部门的协同应急。通过获取其他专项的监测信息，实现对重点防护目标(如智慧能源的油站、智慧教育的中小学等)的实时监测，有效防止次生事件发生，降低突发事件造成的损失。同时，通过预警信息发布系统，可以及时将公共安全预警信息发布到相关单位，为其他单位的科学应急提供支撑。

2.3.2　数字化建模的基本原理

数字化建模的基本原理是将实体或概念转化为数字形式，并通过建立数学模型和使用计算机进行仿真来描述、分析和预测现实世界的行为和特征。这个过程涉及多个环节，需要综合运用数学、计算机和工程等多学科知识和技术。首先，数据采集是关键步骤，可以利用传感器、扫描仪、摄像头等设备获取实体的形状、结构、属性、运动规律等信息。同时，实验观测和调查也是收集相关数据的重要手段。其次，数学建模是数字化建模的核心，通过将采集到的数据转化为数学模型，可以采用几何模型、物理模型、统计模型、神经网络模型等方法来描述所研究对象的特征和行为规律。在建立数学模型之后，需要对模型进行验证，确保模型能够准确地反映实际系统的特征和行为。模型验证可以通过与实际数据对比、实验验证等方法进行，同时需要考虑模型的精度、鲁棒性和适用范围。接下来，利用计算机技术对建立的数学模型进行仿真和计算是数字化建模的重要手段。通过计算机仿真可以模拟系统的运行过程、预测系统的行为、优化系统的设计和操作参数等，为实际应用提供支持。最后，对仿真结果进行分析和解释，从中提取有用的信息和规律，为实际决策和应用提供科学依据。结果分析需要结合相关领域的知识和实际需求，深入理解仿真结果的含义和影响。

综合这些环节和方法，数字化建模能够实现对现实世界复杂系统的深入理解和有效管理，并在各行各业发挥重要作用。因此，数字化建模的基本原理包括数据采集、数学建模、模型验证、计算机仿真和结果分析等多个方面，综合运用数学、计算机、工程等多学科知识和技术，以实现对现实世界复杂系统的深入理解和有效管理。

2.3.3　数字化建模的技术手段

数字化建模利用多种技术手段来实现对实体或概念的数字化描述和仿真分析。这些技术包括三维扫描技术，其使用激光扫描、光学扫描等方式获取实体物体的三维形状和结构信息，生成点云数据或三维网格模型，为后续的建模和仿真分析提供基础；此外，计算机辅助设计(CAD)和计算机辅助制造(CAM)可以帮助我们建立和编辑实体物体的几何模型，并将其转化为数值控制指令，以供数控机床等设备加工和制造；数学建模与仿真软件，如Matlab、Simulink、Comsol Multiphysics等，则提供了建立数学模型、求解微分方程、进行系统仿真和优化分析的功能，适用于各种物理、化学和生物系统的建模与仿真；虚拟现实技术(VR)和增强现实技术(AR)能够以虚拟的方式呈现数字化建模的结果，帮助用户更直观地理解和交互实时系统，虚拟现实技术还可以广泛应用于培训、设计评审等领域；数据挖掘与人工智能技术利用数据挖掘算法、机器学习、深度学习等方法，对大量实际数据进行分析和建模，发现规律和趋势，为决策和预测提供支持；传感器网络技术通过布设传感器网络、物联网设备等，实时采集实体系统的运行状态和环境信息，为数字化建模提供实时的数据支持；此外，模型验证与优化技术使用统计分析、灵敏度分析、参数优化等手段对建立的模型进行验证和优化，确保模型能够准确反映实际系统的特征和行为；点云处理技术针对三维扫描得到的点云数据，通过滤波、配准、曲面重构等算法进行处理，生成完整的三维模型；数字图像处理技术则通过图像增强、图像分割、特征提取等方法对数字化建模过程中的图像数据进行处理，以获取更准确的建模结果。

这些技术手段通常会根据具体的应用领域和实际需求进行组合和应用，以实现对实体系统的全面数字化描述和仿真分析。随着科技的不断进步和创新，数字化建模的技术手段也在不断演化和扩展，为实体系统的研究和管理提供更多的可能性和机会。因此，数字化建模在各个领域都具有广泛的应用前景。

2.3.4 数字化建模在建筑工程中的应用

数字化建模在建筑工程中的应用十分广泛，可以提高设计效率、降低成本、优化建筑性能和质量。在建筑信息模型(BIM)领域，BIM是一种基于数字化建模技术的综合性建筑信息管理系统，通过BIM，建筑师、结构工程师、机电工程师等各个专业的人员可以在同一个平台上共享和协同工作，实现建筑设计、施工和运维等全生命周期的信息集成和管理。此外，数字化建模还可用于建筑结构分析，通过建立建筑物的三维模型，结合结构分析软件，可以预测建筑物在静力、动力和热力等方面的响应，评估建筑物的抗震性能和安全性，有助于设计师优化结构设计，提高建筑物的结构强度和稳定性。并且，数字化建模还可以再现建筑的外观、内部结构和环境信息，为建筑师、业主和用户提供更直观的交互体验和决策支持。通过虚拟现实技术或增强现实技术，可以实现建筑物的可视化漫游和交互，帮助相关人员更好地理解和评估设计方案。数字化建模还可以用于施工过程的仿真和优化，通过将施工进度、资源和设备等信息与建筑模型相结合，可以进行施工过程的动态模拟和优化分析，有助于规划施工序列、减少施工风险、提高施工效率和质量。此外，数字化建模也可以集成建筑物的结构、材料、设备和环境信息，通过计算机仿真和优化分析实现建筑节能设计和评估，提供优化的能源设计方案，降低建筑物的能耗和环境影响。最后，数字化建模可用于建筑设备的管理和维护，通过将设备的参数、位置和运行状态等信息与建筑模型相结合，可以实现设备的远程监测、维护计划的制订和故障诊断，有助于提高设备的可靠性和维护效率，减少设备故障对建筑运行的影响。

除了上述应用领域，数字化建模还可以支持建筑项目管理、材料采购和施工安全等方面的工作。随着数字技术的不断发展和应用，数字化建模在建筑工程中的作用将逐渐扩大，促进跨学科合作和信息共享，使得建筑项目的管理更加高效、协调和透明。未来，随着人工智能、大数据和云计算等技术的广泛应用，数字化建模在建筑工程中的应用前景将更加广阔，也将对建筑行业的发展产生深远影响。

2.4　城市智慧治理

在网络和信息化时代，人们正抱有极大的热情来讨论、理解、倡导一种智慧化的现代生活。在此过程中，诸如“智慧城市”“智慧家居”“智慧社区”等一系列智慧理念被构建出来。同时，它们被一并置于“智慧治理”的范畴中，产生了一种关于“智慧”的话语模式。然而，智慧治理的概念内涵、运行逻辑以及实现基础依然处于混沌不清的状态，亟待学界给予重点关注。

2.4.1　智慧治理的三层内涵

1. 政府视角下的智慧治理

作为智慧治理的核心推动者，政府的政策制定、行动取向、治理效率毫无疑问是智慧治理能否成功的关键。因此，确认智慧治理中的政府角色，或者说，从“智慧政府”的角度来理解智慧治理是确定其内涵时第一个需要回应的问题。所谓政府的“智慧型”，在理想层面一定体现在其越来越智慧化的领导能力、组织能力、决策能力上。具体而言，这一目标的达成必须满足三个要求：其一，政府对社会的了解，应该以深入社会生活的每一个角落为目标。换言之，一个不了解社会事实的政府，不可能是一个负责任的政府，其公共服务的供给效率也会受到制约。其二，政府应该对来自社会的差异化诉求具备高效的回应性以及准确的预测性。其三，就政府自身的组织结构而言，其不同部门与层级之间的互动应该更加紧密，组织间的数据共享、流通与处理也应高效便捷。

总之，在政府角色智慧化的视角下，智慧治理是在网络技术、数据技术、信息通信技术等治理工具变革之下，政府治理创新的结果。智慧治理核心内涵之一就是“智慧政府”。

2. 城市视角下的智慧治理

智慧治理的第二层内涵可以从城市管理的角度加以阐释。因为城市作为现代技术治理的核心阵地，其相关的规划发展、项目推进以及制度建设，一定具有不可阻挡的智慧化趋势。简言之，智慧治理的核心任务之一，就是在治理思维的智慧化转向中，对城市运行的各个机构和部门进行有机整合，进而对治理政策进行优化与完善。具体而言，智慧城市建设需要立足于城市整体的发展战略，着眼于城市经济、社会与环境的可持续发展，聚焦于城市水电能源、公共医疗、公共交通、公共安全等关键要素的系统整合。城市智慧化的构建路径之所以得以推进，必须归功于现代信息技术的强力支持与"赋能"。现实中，可以看到，信息通信技术(ICT)的强力支持已经让城市治理的实践过程具有了更高的治理效能，人们在都市生活中生产出的海量信息都可以通过ICT实现高效的共享、处理与整合。城市治理的决策过程具有了更准确、更完整、更真实的"知识依据"，个体诉求也能够被迅速地回应与反馈。总之，推进智慧城市的建设，在理论上极大丰富了智慧治理的内涵。

3. 公民视角下的智慧治理

智慧治理的第三层内涵可以从公民参与的视角进行理解。首先，就"治理"本身的概念和意蕴而言，其就是旨在淡化、削弱原本政府一家独大的权力格局，这是一个试图突破传统管理型社会秩序的改革与进步；同时，也是旨在培育更积极、更具备良好政治参与能力的公民及其组织。其次，就现实而言，如今的社会治理情境开始有了新的变化，愈发显现出"开放""共享"的结构性特征，这表明，各治理主体之间的合作关系、依赖关系、制衡关系日益加深。仅仅依靠单一的公共部门，已然无法应对越来越复杂、微观、流变、隐匿的社会治理事务，国家与地方政府也很难单方面地给出真正满足社会发展需要的"智慧决策"。因此，只有高效紧密的主体互动，才能顺利地在社会治理各个环节注入民主要素；也只有在民主参与的机制下实现集思广益，才能让社会治理实践获得永不枯竭的智慧源泉。总之，从公民视角看，智慧治理蕴含着民主参与的精神。它的内在要求，是政府在权力让渡的过程中，为社会构建出一个自下而上的公民参与路径，并让他们能够在公平、公开、透明的环境中，表达诉求、参与决策、实行监督。

2.4.2 智慧治理的特点、目标与原则

公共安全应急管理是为了尽快缓解和消除灾害事故带来的不利影响，最大限度减少人员伤亡和财产损失，维护社会稳定和安全而开展的重要工作。在实践中，应急管理需要具备面临不确定性、具有时效性、多学科交叉、组织化和系统化等特点和功能。突发事件的发生往往无法预测，因此应急管理需要预测可能发生的事件，并制定相应的预案，以提前准备、加强预警和防范。在事件发生后，应急管理需要迅速展开应对措施，以避免事态扩大和危害加剧。因此，高效的组织机制、快速反应和紧密协作是必须具备的要素。

公共安全应急管理需要各个学科的专业知识和技能，涉及政治、经济、环境、科技等多个领域。应急管理需要建立多部门联动、多层级协调的组织机制，实现信息共享和资源整合。组织化和系统化的管理体系则可以提高应急管理的效率和水

平，以确保资源的有效调配和指挥。此外，公共安全应急管理需要充分考虑民众的参与和反馈，加强宣传教育和舆情管理，促进社会各界的共同参与和支持。

在应急管理工作中，还需要有系统性的理论支持和科学的技术手段，才能更好地保障公众的安全和利益。公共安全应急管理具有复杂性、多样性和挑战性，需要全社会的共同努力，包括政府部门、专业机构、企业单位和广大民众，共同建立起科学、高效的应急管理体系，以保障人民生命财产安全，维护社会稳定和安全。

公共安全应急管理的目标是为了保障人民生命财产安全，防范和应对突发事件、灾害事故等公共安全事件，最大限度地减少人员伤亡和财产损失，维护社会稳定和安全。为此，需要采取一系列措施来达成这一目标。

首先，预防和减轻灾害损失是应急管理的首要任务。通过科学的灾害风险评估、预警预测和规划管理，采取相应的预防和减灾措施，减少灾害事故的发生概率，降低危害程度，从而最大程度地保护人民的生命安全和财产安全。其次，在突发事件发生后，快速反应和处置也至关重要。启动应急响应机制，及时组织力量进行救援、抢险、撤离和安置等工作，以最大限度地减少人员伤亡，保护人民的生命安全。此外，整体协调和合作也是应急管理的重要内容。应建立多部门联动、多层级协调的组织机制，形成应急管理的整体协调力量。各级政府、部门、社会组织和市民应积极参与，形成合力，共同应对突发事件。最后，信息共享和公众参与也是应急管理的重要环节。要加强信息的收集、传递和共享，及时发布灾害预警信息，增强公众的应急意识和能力。同时，还要充分发挥社会力量和公众的参与作用，形成公众参与的良好氛围，提高应急管理的效能。公共安全应急管理需要政府、社会组织和广大民众的共同努力和参与，形成全社会的合力，共同应对各种突发事件和公共安全挑战，以保障人民生命财产安全，维护社会的稳定和安全。

公共安全应急管理的目标是为了保障人民生命财产安全和社会稳定。其原则包括：第一，生命安全至上，要将保护人民的生命安全作为首要任务，采取一切必要措施最大限度地减少人员伤亡；第二，科学决策与预案制定也十分重要，要依据科学的数据和风险评估结果，制定合理、可行的应急预案，充分考虑各种因素，确保决策的科学性和有效性；第三，统一指挥与协调是应急管理的关键，应建立统一的指挥体系，明确责任分工，保证应急响应的快速和协调；第四，公开透明与舆情管理也不容忽视，在应急管理过程中，应及时公开信息，回应公众关切，加强舆情管理，防止谣言传播，维护社会稳定和秩序；第五，合法权益保护与赔偿也是重要原则，要保护公民和企业的合法权益，及时进行损失评估和赔偿工作，恢复受灾地区的正常生产和生活秩序。这些原则的贯彻执行将有助于最大限度地减少灾害事故带来的人员伤亡和财产损失，维护社会的稳定和安全。

综上所述，公共安全应急管理的目标是为了保障人民生命财产安全和社会稳定，其原则包括生命安全至上、科学决策与预案制定、统一指挥与协调、公开透明与舆情管理、合法权益保护与赔偿等。

2.4.3 智慧治理的三重逻辑

1. 大数据治理的逻辑

智慧治理是在“技术主义”浪潮中被提出的新型治理模式，因此，智慧治理的逻辑从属于技术治理的逻辑。在技术治理的范畴中，大数据治理又构成了其逻辑核心。无论是在决策层面还是管理层面，大数据治理都已经改变甚至颠覆了传统社会治理的实践思维。一方面，传统决策模式往往依靠所谓“理性专家系统”的经验直觉展开，即一种“经验驱动决策”的治理逻辑。这一模式因包含强烈的主体因素而具有了浓厚的政治性与主观性。其模式运作肇始于“某一事件的发生”，展开于“对某一事件因果关系的调查”，完结于“对某一事件给出的解决方案”，整个治理实践环节都具有明显的“被动性”与“善后性”特征。另一方面，在大数据治理的逻辑下，凭借经验直觉的治理实践日渐式微，取而代之的是一种“数据驱动决策”的机制。此外，数据的价值中立性能够让它将主体的“价值取向”很好地排除在决策过程之外。并且，大数据的本质是为了追求“全数据”，在“全样本”的支持下，决策者可以依靠对海量数据信息的分析与计算，洞悉不同变量之间的相关关系，进而让“数据驱动的决策”具有预测功能。大数据治理的逻辑也因此具有更强的前瞻性与科学性。

2. 整体性治理的逻辑

传统管理型社会中的碎片化治理，正在被智慧治理中的整体性治理逻辑所取代。这一新的治理逻辑，主要体现在各治理主体之间越来越强烈的共享思维、开放思维与协同思维。佩里·希克斯认为：“碎片化的管理模式存在转嫁代价和困难、项目冲突、项目重复、目标冲突、不同职能部门施加的干预之间缺乏先后顺序、在对需求作出反应时各自为政、公众无法获得服务或公众对所获得的服务感到困惑、服务的提供或干预之间彼此分离等问题。”这就是说，在碎片化的社会治理格局中，传统科层结构内部的治理信息是被切割的，是分散化的，即呈现一种信息孤岛的局面。而为了跳出治理碎片化的桎梏，智慧治理中的整体性逻辑推崇治理主体间的互动、沟通与协同，并旨在消解因政策的目标差异或价值取向差异而产生的矛盾与紧张，进而在政策效力的提升中，让大众共享无缝衔接的公共服务。与此同时，越来越多元的话语权力，也重塑了不同组织机构及不同科层结构之间的互动机制与利益格局，原本“中心—边缘”的组织结构开启了“网络化”“一体化”“多中心”的转向，这种“整体性”逻辑也很好地遏制了信息机会主义的产生。简而言之，智慧治理实现了组织机构的联结互通，实现了行政流程的协同配合，实现了公共服务平台的一体化整合。

3. 动态性治理的逻辑

随着社会的不断发展，智慧治理的实践还需要一种动态性的思维逻辑。社会治理实践一定不是运作于真空之中，而是处于多变的社会网络之中的。这一富有不确定性的真实世界，构成了社会治理的场域。然而，传统治理理念总是强调具有决定论特征的制度运行，并企图利用切割、分解的方式，来对治理对象进行程式化的管理。这种静态化的治理逻辑必然造成理念与现实的紧张关系。相反，智慧治理中的动态性逻辑预示着行动者在面临具体治理情境时，不可能再机械地运用既定、刚性的治理规则来指导其行为。因为那些既定的文本规则以及先赋的思维意识往往与真实世界中的具体事件存在错位或者不匹配。进而言之，动态治理真正考验的是治理行动者在动态治理情境中的实践智慧。这种实践智慧取决于行动主体的“涉身理性”，即置身于治理情境中并对其展开理解、构建和运用的能力。因此，动态性治理的逻辑要求最大限度地激发主体的能动性，同时也意味着，动态治理过程包含了大量事关实践主体的判断、构建与反思，其向前推进的动力之源在于实践主体丰富的想象力、推理能力与理解力。

2.4.4　智慧治理的三维基础

1. 技术驱动

智慧治理得以展开的首要基础，是要在政策制定以及公共服务的过程中使用先进的治理技术。这一技术支持的关键在于能够实现治理信息在时空中的高效运转。就此而言，现代电子信息技术无疑扮演着重要角色，其至少在三个方面具有显著的效率：一是信息搜集的效率，二是信息存储的效率，三是信息处理的效率。需要指出的是，在社会治理体系中谋求网络信息技术的支持，并非一个单向度的技术引入过程，而是需要经历一个“技术”与“组织”双向互动的过程。因此会经历三个发展阶段：第一，技术引入阶段。治理组织运用信息技术，实现对社会治理信息的有效搜集与保存。第二，技术扩展阶段。随着技术在治理实践中的逐渐深入，技术与组织沟通互动的进一步协调，“技术逻辑”与“组织逻辑”逐渐融合。第三，技术扎根阶段。此时，技术(主要是现代信息技术)作为一种推动变革的力量，能够将其网络化、多元化新形态性、整体性等结构属性，移植到传统治理组织之中，并凭借其强大的结构刚性，反过来形塑并优化组织结构。概言之，智慧治理中技术支持的核心主要涉及数据技术、通信技术及网络技术等，它们在与治理组织的双向互动中，逐渐嵌入社会治理结构中，进而让治理行动有了更全面、精准、细致的知识依据，治理的智慧性也得以凸显。

2. 制度确认

智慧治理实践需要制度的支持。虽然，社会治理的实践有着动态化、情境化的趋势，但主体充分施展其实践智慧的前提和基础，是必须存在一个公平、明确、基本的互动框架，个体所谓的情境理性不可能凭空而来，所有的治理行动也都存在能够供其主体进行价值体认的制度基础。具体而言，无论是技术本身的运作，还是治理主体间的互动，甚至是新生治理主体的角色定位以及由此衍生出的有关权、责、利的分配，都需要一套科学合理的规则和系统加以制约。第一，现代技术在对社会治理实行技术赋能的同时，产生了一系列治理失范的负面后果。现实中，政府与企业常常在现代技术(如大数据监控技术)的掩护下，以智慧治理、智慧生活为名，行破坏民主、侵犯隐私之实，技术运行亟须制度规范。第二，传统社会中的科层结构正遭遇新兴网络结构的冲击与解构，原先治理主体间的互动关系也面临着规则的调整与转型。第三，技术的革新带来了组织机构的再生产，诸多新型治理主体应运而生。它们在智慧治理中的角色、功能、责任以及权利，也都需要在制度层面加以确认。

3. 观念基础

无疑，在智慧治理的建构中，技术与制度的支持不可或缺。但是，技术仅仅是一种工具，制度也不过是一种外在的结构性约束。从理论上讲，技术水平的提升和制度供给的完善，并不必然带来社会治理体制的革新及最终善治的达成。因为，除二者以外，智慧治理还需要“观念”的同步更新，无论是政府、市场还是民众，都需要在思维意识上紧跟智慧时代的步伐。首先，就政府而言，需要其强化技术应用的意识，并且，这种意识不能仅仅将技术赋予工具性的意义，而是需要试图从技术的理论精髓中解读出对社会治理创新有益的价值理念。其次，就企业组织而言，其参与智慧治理的过程，虽然还会遵循以营利为目的的市场逻辑，但决不能走剥削数据剩余价值的资本主义老路，而是要在“共同的善”的价值理念下，实现全体社会的福祉最大化。最后，就普通民众而言，积极储备必要的科学素养与科学态度同样重要，人类生活正进行着愈加精细的社会分工，并被一系列符号系统与专家系统编织成了崭新的世界。在应接不暇的科技创新面前，普罗大众所展现的接受能力与理解能力，决定了整个社会智慧治理的基调与氛围。思考如何才能在科技化、信息化的洪流中不被知识鸿沟排除在智慧生活之外，已经是时候了。

第 3 章　城市设施数字化建模

智慧城市实现的第一步就是将城市设施进行数字化建模，该项技术包括图像中建筑物提取、识别及相应的三维建模，主要应用于地图特征提取、城市人口调查等方面。本章主要研究城市数字建模技术，针对经典的不变特征提取算法的不足，提出一种基于局部特征和形状轮廓匹配的建筑识别算法。首先，根据整个建筑易受旋转和倾斜的影响，提取已知建筑的局部特征点，确定其方向、位置和角度。其次，根据建筑物在不同状态下的比例尺变化信息，制定任意形状轮廓匹配的相似度准则和映射函数，实现不同光照和比例尺的建筑物识别。该方法能够快速、准确地适应不同环境下的施工。

3.1　图像特征提取

建筑可以分为许多有意义的角落、边缘和重要的特征。通过对信息的分析，可以识别出目标。建筑物的形状是三维的，通过提供建筑物图像的形状信息可以检索建筑物的方向。角度和边缘的信息以及尺度的不变性和光照的不变性非常重要。近年来，研究对象局部特征信息的方法和成果有很多，如 SIFT、Hams conner、GLOH、SURF 等。本章采用尺度不变特征变换(SIFT)提取图像的局部特征点等信息，并对其特征进行分析和测量。局部信息特征 SIFT 算法通常在尺度变换空间中找到极值点，并记录尺度、方位角和旋转位移。SIFT 特征在采集图像的局部平移、尺度变换、角度和光照变化以及视点的不断变化和噪声等方面具有不变性。建筑物的少量角可对应丰富的 SIFT 向量，有利于匹配和识别，具有良好的实时性。

图 3.1 所示是在两组高斯尺度空间中构造金字塔的例子。为了找到尺度空间 $D(x, y, a)$ 的极值点，每个采样点都应与其所有相邻点进行比较，判断其与所有相邻点之间的大小关系。

$$M(x, y, \sigma) = G(x, y, \sigma) * f(x, y) \tag{3-1}$$

为了有效地检测尺度空间中稳定的关键点，Lowe 提出了一种基于高斯尺度空间的高斯差分极值检测算法，给出了相邻尺度高斯核与图像卷积产生微分的方法。

$$D(x, y, a) = (D(x, y, a) - G(x, y, \sigma)) * I(x, y) \tag{3-2}$$

其中，$G(x, y, \sigma)$ 和 $G(x, y, K\sigma)$ 为近尺度高斯核，K 为常数。

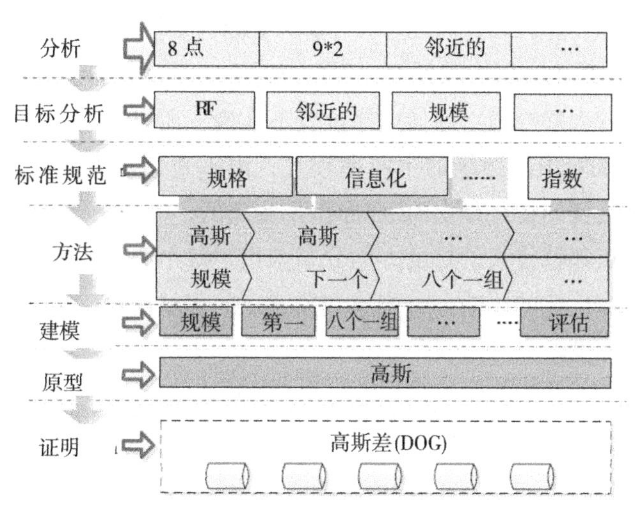

图 3.1 DOG 结构

为了使建筑物的尺度不变，需要在多尺度空间中检测特征点。空间坐标 X 是群倍频程的函数，假设 x_0 是群 o 的空间坐标，则

$$x = 2^0 x_0,\ o \in Z,\ x_0 \in [0,\ \cdots,\ N_0 - 1] \times [0,\ \cdots,\ M_0 - 1] \tag{3-3}$$

若$(M_0,\ N_0)$是基群 $o = 0$ 的分辨率，则其他组的分辨率可由下式求得：

$$N_0 = \left[\frac{N_0}{o^0}\right],\ M_0 = \left[\frac{M_0}{o^0}\right] \tag{3-4}$$

$G(x,\ y,\ \sigma)$ 对于二维图像信息 $f(x,\ y)$ 是一个可伸缩的高斯函数，其定义为

$$G(x,\ y,\ \sigma) = \frac{1}{\sqrt{2\pi}} e^{\frac{x^2+y^2}{2^2}} \tag{3-5}$$

其中，$(x,\ y)$ 是像素点的位置。这个值越小，尺度就越小。大尺度体现了图像的整体特征，小尺度体现了图像的微小特征。

在搜索极值点时，需要将采样点与其周围的相邻点进行比较。如果以尺度大小为单位，则可以在中间采样点和上下相邻采样点周围比较 26 个点，以确保尺度空间和图像空间都能检测到极值点。通过计算相邻尺度空间的高斯差分函数，可以选择相邻尺度的极值点作为比较点。通过检测空间极值点，得到一些候选关键点，然后通过拟合三维二次函数(亚像素精度)准确确定关键点的位置和比例。同时除去低对比度关键点和不稳定边缘响应点，消除 DOG 拟合生成。

计算特征点的拟合函数为：

$$D(X)=\left[\frac{1}{aX^2+bX+c}\right] \tag{3-6}$$

其中，a 为拟合系数。仅去除低对比度的候选关键点是不能满足要求的。DOG 算子沿边缘方向有较大的峰值，即使边缘位置不准确，所以这些候选关键点对噪声很敏感。DOG 算子的峰值沿边缘的主曲率较大，沿垂直边缘方向的曲率较小。正如我们所看到的，主楼的特点是由 DOG 操作来实现的。

利用关键点邻域像素的梯度方向分布来指定每个关键点的方向参数，使关键点描述符不受图像旋转的影响。首先找到关键点的邻域窗口，通过以下公式确定窗口内点的方向和梯度。

$$m(x,\ y)=\sqrt{(L(x+1,\ y)-L(x-1,\ y))^2+(L(x,\ y+1)-L(x,\ y-1))^2} \tag{3-7}$$

$$G(x,\ y)=\sqrt{G_x(x,\ y)^2+G_y(x,\ y)^2}\approx|G_x(x,\ y)|+|G_y(x,\ y)| \tag{3-8}$$

$$\theta(x,\ y)=\arctan\left(\frac{G_y(x,\ y)}{G_x(x,\ y)}\right) \tag{3-9}$$

计算每个特征关键点的信息位置、尺度和方向，得到描述符，使其不能被随机查看。

为了提高特征点的匹配效果，本章采用了改变角度和光照的方法。设置关键点的方向为坐标轴，以确保不影响旋转。在关键点附近的 8×8、16×16 范围内表示每个宏块的梯度方向和模量，并计算出 4×4 或 8×8 小块的范围。

梯度直方图和方向向量如图 3.2 所示。

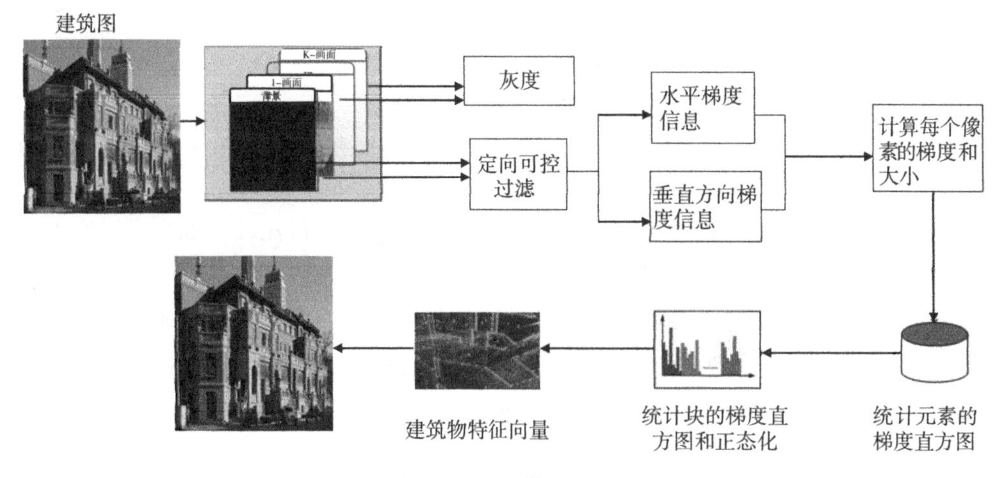

图 3.2　BRIS 算法框架

3.2 基于年龄序列的特征提取方法

传统的梯度法不能有效地提取目标的边缘特征。本章研究了可控滤波在边缘信息表达中的优势，提出了一种改进的 HOG 算法。特征提取过程具体步骤如下：①将彩色图像转换为灰色图像；②在水平和垂直方向上构造方向性可控滤波器$\left(\text{使滤波器的方向分别为 0 和} \frac{\pi}{2}\right)$，分别记录为 F^0 和 $F^{\frac{\pi}{2}}$。计算灰度图像(x, y) 水平和垂直方向上的像素的梯度值 $G_x(x, y)$、$G_y(x, y)$：

$$G_x(x, y) = F^0 * I \tag{3-10}$$

$$G_y(x, y) = F^{\frac{\pi}{2}} * I \tag{3-11}$$

其中，I 是一个灰色图像。

分别计算(x, y) 处像素的边界方向和大小：

$$G(x, y) = \sqrt{G_x(x, y)^2 + G_y(x, y)^2} \approx |G_x(x, y)| + |G_y(x, y)| \tag{3-12}$$

$$\theta(x, y) = \arctan\left(\frac{G_y(x, y)}{G_x(x, y)}\right) \tag{3-13}$$

将图像分割为大小相同的单元格，将相邻的单元格组合为重叠块，有效利用重叠的边缘信息，如图 3.2 所示。

图像中每个像素的梯度方向和梯度幅度大小不同。根据梯度方向将图像划分为若干均匀间隔(Bin)。将单元中每个像素的梯度大小添加到相应的 Bin 中，生成单元的梯度方向直方图。然后统计整个块的直方图特征，并通过 L2 范数对每个区块内的梯度直方图进行归一化处理。对于向量 v，设

$$v \leftarrow \frac{y}{\sqrt{\| v \|^2 + \varepsilon^2}} \tag{3-14}$$

结合所有块的 HOG 特征，得到图像的 HOG 特征向量，其维数 d 为

$$d = \left(\frac{w - b}{s} + 1\right) * \left(\frac{h - b}{s} + 1\right) * \left(\frac{b}{c}\right)^2 * p \tag{3-15}$$

式中，w 和 h 为图像的宽度和高度；b 和 c 是块和单元格的大小；p 为细胞内梯度方向的数目；s 是块运动的步骤。

3.3 基于图像序列的轮廓匹配算法

当生成标准图像和捕获图像的 SIFT 特征向量时，可以利用特征点的欧氏距离

来度量相似度。提取标准图像中的一个特征点，找到最接近所捕获图像欧几里得距离的两个关键点。如果最近距离和下一个距离的误差小于集合的误差，则固定阈值被认为是一对匹配点。减小阈值的大小，可以减少匹配点的数量，但匹配效果更加逼真。由于拍摄建筑物目标的活动，目标的每一小部分都会以不同程度旋转和移动。标尺为待识别的建筑部分，S 为标准图像中的模板区域。

$$R_i = kS_j + b \tag{3-16}$$

式中，k 为宽度的调整参数；b 为幅值的调整参数。当建筑物目标比例尺增大或减小时，通过调整 k 和 b 的值来实现匹配。可根据构造结构中不规则形状的自相似性制定映射函数，进行多边形重组匹配。

平滑可以很好地消除图像的噪点。大多数静止图像压缩使用图像中某些像素块的平均值。当压缩后的图像以一定的比例放大时，可以看到由压缩引起的嵌块效应。在计算消失点的坐标之前，我们先观察直线，可以发现一组直线倾向于在一点相交。在所有直线中，只有一条或两条直线与其他直线截然不同。这条线是没有意义的，并使算法更没有意义。为了消除这种线条，该算法采用以下方法：范围从 0 到 π，间隔可以分为四个部分：$0 \sim \frac{\pi}{4}$，$\frac{\pi}{4} \sim \frac{\pi}{2}$，$\frac{\pi}{2} \sim \frac{3\pi}{4}$，$\frac{3\pi}{4} \sim \pi$。因为范围从 0 到 π，探测线的方向也分为四个部分。计算每个部分中的行数，并获得每个部分中包含的行数占总行数的百分比。设置阈值 $T_4 = 0.3$，如果百分比小于 T_4，则删除此部分中的所有直线。

在标准参考图像中，通过像素的梯度矩来寻找目标像素值的突变。在 $y = /U$ 坐标系中，x 和 y 分别是它们的横坐标和纵坐标。选取任意点 k 作为目标圆周上的点，表示为

$$w(k) = x(k) + jy(k) \tag{3-17}$$

点 k 处边的切线角 $\varphi(k)$ 为：

$$\tan[\varphi(k)] = \frac{\mathrm{d}y(k)}{\mathrm{d}x(k)} \tag{3-18}$$

k 的曲率 $s(k)$ 为：

$$s(k) = \frac{\mathrm{d}\varphi(k)}{\mathrm{d}k} \tag{3-19}$$

如果周期函数 $s(k)$ 通过傅里叶变换展开，那么：

$$s(k) = \sum_{n \to -\infty}^{+\infty} K_n \mathrm{e}^{jh\left(\frac{2\pi}{T}\right)k} \tag{3-20}$$

式中的系数 K_n 表示曲线的轮廓形状。这种描述具有旋转和平移的特点。

定义标准模板的识别匹配距离：

$$d_{i,\ i+1}(S) = \int_0^1 |s_i(S) - S_{i+1}(S)|^2 \mathrm{d}S \tag{3-21}$$

摄影轮廓的识别与匹配距离可表示为：

$$d_{i,\ i+1}(R) = \int_0^1 |s_i(R) - S_{i+1}(R)|^2 \mathrm{d}R \tag{3-22}$$

分析整个建筑的目标特征轮廓，并计算 A：

$$D(S) = \sum_S d_{i,\ i+1}(S), \quad D(R) = \sum_R d_{i,\ i+1}(R) \tag{3-23}$$

根据 $D(S,\ R)$ 的值，制定不同尺度下任意形状的自适应匹配准则，并设置阈值：

$$D(S,\ R) = |d_{i,\ i+1}(S) - d_{i,\ i+1}(R)| \tag{3-24}$$

通过多次实验，当尺度在 10 ~ 30 的尺度范围时，如果

$$D(S,\ R) < 15 \tag{3-25}$$

确认两个单元格之间的匹配关系，同时统计并比较所拍摄图像中的所有像素，以确定建筑目标。

3.4 仿真实验与分析

为了客观评价该方法在建筑物识别中的有效性，本章将与 SFBR 方法相同的数据集 SBID 应用于建筑物识别实验中，并对实验结果进行了分析。

1. 数据集

SBID 数据集包含 40 种建筑类型，其中包含 4178 幅图像，每幅图像都被缩放到 160×120 像素。这些图像是在不同的时间、角度和距离上拍摄的。

2. 实验平台和参数设置

实验配置为 Intel Core CPU i73-770@ 3. 40 GHz，4 GB 内存，32 位 Windows 7 操作系统。开发软件为 Visual Studio 2010，用 C/C++语言编写。

定向可控过滤器 F^0 和 $F^{\pi/2}$ 为 $7*7$，w 分别为 120、160，P 和 s 为 20、80、9 和 40，特征向量的维数 D 为 864。通过大量实验，支持向量机在选择 C_SVC 分类器和线性核函数时效果最佳。

被检测目标的先验知识对识别正确率非常重要，但事实证明将这些先验知识整合到学习机器中是非常困难的。在识别系统中，建立基于先验知识的验证环节是可行的，在应用中也可反复修改。

3.5　仿真结果

本章在 SBID 数据集上进行了 20 次独立实验。每个实验从每种建筑类型中随机抽取一半的图像(2098 幅图像)进行特征提取和 SVM 分类器训练。其余 2080 幅图像作为测试样本进行特征提取。实验结果如图 3.3、图 3.4、图 3.5 所示。由于每次实验选择的训练样本和测试样本不同，所以在不同的实验中相似图像的误分类数量也会有所不同。在不同的实验中，各种图像的错误次数均小于 15，其中有很多错误为 0。例如，在第四次实验中，1 类和 2 类的建筑均被正确分类；在第十八次实验中，16 类的所有建筑均已正确分类；在第二十次实验中，正确分类了所有的 4、7、8 和 9 类建筑物。本章利用基于局部特征和形状轮廓匹配的建筑物识别算法，从手机自身的不同角度识别建筑物数据，选取陕西省著名代表性建筑的位置和角度进行拍摄，并与当地标准图书馆相结合。

图 3.3　不同砌块的指示

采用基于局部组合形状匹配的建筑识别算法对手机自拍器的建筑数据进行识别，选择湖南省标准匹配模板岳阳楼，匹配手工拍摄的江南亭局部组合形状轮廓。

(a) First Frame

(b) Second Frame

(c) Matching Results

图 3.4　不同角度的建筑物识别结果

(a) First Frame

(b) Second Frame

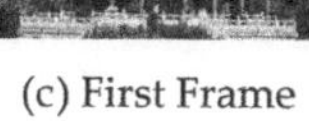

(c) First Frame

(d) Second Frame

图 3.5　不同比例的结果

采用局部组合形状匹配的建筑物识别算法，选取湖北省武汉市的黄鹤楼，对自缩尺度的建筑数据进行识别。使用不同的比例来拍摄建筑数据，将基于图像序列的轮廓算法应用于获得的数据，结果如图 3.6 所示。

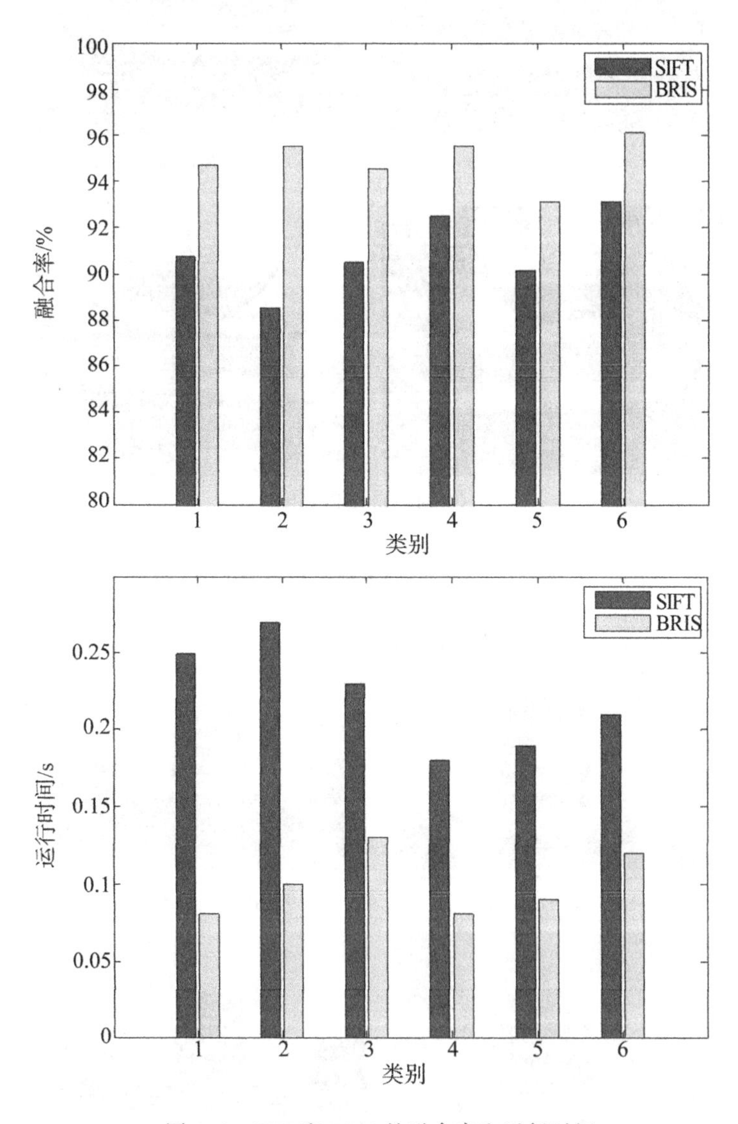

图 3.6　SIFT 和 BRIS 的融合率和运行时间

第 4 章 城市设施智能优化控制

为了分析和研究智慧城市优化控制的模糊控制模型，本书基于 BP 神经网络算法设计了一种全网模糊控制器，使模糊推理的实现过程网络化、清晰化。这种智慧城市评估模型根据智慧城市发展的可能性的构建评价指标体系简明扼要。模拟结果表明，该算法能够有效地优化神经网络控制的参数和结构，所设计的神经模糊控制具有良好的性能。建设智慧城市有利于进一步推进工业化、信息化、城市化和农业现代化的深度融合，对解决城市发展问题和促进城镇可持续发展具有重要意义。

4.1 智慧城市模型指标体系

随着生产力水平的提高和生产关系的解放，国民经济快速发展，城市化进程得到推进。城市拥有完善的交通设施、较多的就业岗位和完善的社会公共服务，使得城市的“集聚效应”更加明显。但这同时也导致了环境污染严重、人口比例失衡、管理困难、交通拥堵、资源短缺、安全建设不足等问题，严重影响了城市的发展。为了推动城市的建设和发展，进行城市的顶层设计、整体规划和制度创新成为首要任务。

随着城市信息化的快速发展，现代化城市在网络建设下对各种民生问题、服务需求、安全事宜等处理得越来越好。利用先进的计算机网络技术来实现城市建设、运行和管理的城市被称为智慧城市。在先进的城市发展理念和科学的城市发展规划的指导下，智慧城市利用大数据分析技术、云计算技术、物联网技术和移动互联网等新一代信息技术，实现人、物、城市之间的紧密联系。智慧城市的特征表现在综合物联网、鼓励创新、全面融合、协同运营几个方面。综合物联网是指对城市的全面覆盖，实现对象间的感应和对城市运行的实时监控。鼓励创新就是鼓励城市参与者使用新技术为城市发展创造无限动力。全面融合是将物联网和互联网深度融合。协同运营是全市各部门高度共享资源以及全方位高效合作。

将智慧城市作为城市整体发展战略，有利于转变城市经济发展模式，优化社会管理，有效实现社会良性治理，提高居民生活水平，实现现代城市居民安居乐业。

智慧城市的形成经历了一个漫长的过程，从最初的信息技术缺乏到缓慢探索与建立，人们通过不懈的努力不断发现并创新，最终建设成熟的智慧城市。智慧城市的初始阶段正是建设智慧城市理念形成的阶段。此时，城市智能化水平低，信息化建设还不完善。同时，需要在智慧城市建设规划的指导下部署和建设城市。智慧城市建设阶段指的是初始建设阶段，这一阶段需要投入大量的人力、物力和财力，初步形成智慧城市建设的基本框架。在完成智慧城市初步建设之后，领导城市者站在决策的制高点，从顶层设计出发，加大投入，加快发展信息化城市建设和运行，提高城市智能化和信息反馈水平，确保智慧城市的发展。在智慧城市有了一定的发展之后，人们对城市各方面智能化的需求普遍提高。内生需求会促进智慧城市信息技术的快速发展，城市建设逐渐形成联动，这一质的飞跃会增强公民的主观感受，保障他们的福祉。在城市高度信息化之后，城市系统实现全面智能化，至此，智慧城市基本建成。智慧城市模型的三级指标见表 4.1 和表 4.2。

表 4.1　城市模型三级指标权重(政府专家)

索引名称	相对权重	综合权重
家庭光纤接入速率	0.303	0.153
主要场所无线网络的覆盖程度	0.452	0.258
家庭网络平均接入水平	0.111	0.051
在线行政级别的行政审批事项	0.764	0.015
政府非涉密公文流通率	0.143	0.001
获取政府服务信息的便携性	0.435	0.010
食品药品安全电子监控满意度	0.445	0.012
人均可支配收入	1.002	0.041
环境质量自动检测率	0.212	0.005
智慧城市发展计划	0.605	0.023
智慧城市组织领导机制	0.503	0.021

表 4.2　城市模型三级指标权重(商业专家)

索引名称	相对权重	综合权重
家庭光纤接入速率	0.331	0.074
主要场所无线网络的覆盖程度	0.331	0.074

续表

索引名称	相对权重	综合权重
家庭网络平均接入水平	0.331	0.074
在线行政级别的行政审批事项	0.511	0.021
政府非涉密公文流通率	0.511	0.021
获取政府服务信息的便携性	0.210	0.013
食品药品安全电子监控满意度	0.132	0.013
人均可支配收入	1.010	0.051
环境质量自动检测率	0.656	0.025
智慧城市发展计划	0.511	0.082
智慧城市组织领导机制	0.511	0.082

智慧城市评价指标体系的构建是实现智慧城市数值化评价、衡量和比较的关键环节。构建科学合理的评价指标体系是评价智慧城市发展潜力的重要前提。智慧城市发展潜力是指在智慧城市信息基础设施的支持下，智慧城市发展的各种要素的形成，旨在促进经济增长、社会管理创新、公共服务改善、环境保护良好、居民安居乐业。

经济发展潜力是一种综合支持能力，它反映了一个特定地区相对于其他地区的发展状况。社会发展是人类发展的一个基本方面。智慧城市的公共服务潜力是指公共服务实体利用某种方法来满足公共服务对象的各种公共服务需求的潜力。建设和开发是一种潜在的发展能力，能够满足广大公众的公共服务需求。作为智慧城市建设和发展的核心潜力之一，科技创新潜力对智慧城市建设具有重要的推动作用。信息基础设施不仅是智慧城市建设的载体，也是智慧城市运营和管理的手段，为智慧城市建设奠定了物质基础和前提准备。

智慧城市模型一级指标权重见表4.3。智慧城市模型二级指标权重见表4.4。

表4.3 智慧城市模型一级指标权重

索引名称	智慧城市基础设施	智慧城市公共服务与管理	智慧城市信息服务经济发展	智慧城市人文素养	城市居民的主观感受
相对权重	0.4087	0.1023	0.0845	0.1122	0.0814

表 4.4　智慧城市模型二级指标权重

索引名称	宽带网络建设水平	智力	智能交通管理	智能医疗系统	智能环保	智能能源管理
相对权重	1.001	0.087	0.112	0.075	0.068	0.142
索引名称	智能城市安全	智能教育系统	智能社区管理	产业发展水平	企业信息化运营水平	公民收入水平
相对权重	0.185	0.201	0.077	0.504	0.500	0.333
索引名称	公民文化和科学素养	公民生活网络化水平	生活的便利性	公民生命安全感	智慧城市规划设计	
相对权重	0.332	0.332	0.332	0.656	1.001	

4.2　BP 神经网络模型

模糊控制和 BP 神经网络协同控制系统是近年来学者们高度关注的研究领域。模糊控制和 BP 神经网络都是人工智能技术，各有优缺点，互为补充。模糊控制与 BP 神经网络的结合方式有很多种，采用哪种组合方式才能充分发挥系统处理信息的能力，提高系统的控制效果，是研究的关键。BP 神经模糊控制器的出现为自适应模糊控制的设计开辟了一条新途径。它不仅可以实现模糊推理，使模糊推理的实现过程网络化、清晰化，还可以通过网络节点的参数建立模糊控制器参数与网络节点参数的一一对应关系，调整和优化模糊控制系统的参数。BP 神经网络是众多神经网络中的一种，它是一种模拟人脑处理信息的智能非线性学习系统。基于误差反向传播的多层前馈网络是通过格拉德下降方式计算得出的。误差反向传播不断调整网络的姿态和阈值，以确保神经网络的预期输出与实际输出之间的总平方误差最小，使网络的实际输出值尽可能接近预期值，从而提高网络学习的适应性。BP 神经网络由多层组成，层数越多，每层包含的信息内容越多，处理复杂问题的能力就越强。

BP 神经网络可以根据外界信息的变化，及时调整和改变网络层次结构。通过调整输入神经元的规模，对输入数据进行模拟和建模，从而显示出较强的解决实际问题的能力和价值。因为神经网络的 BP 算法准则存在收敛速度慢、容易陷入局部极小值等缺点，因此还有待改进。本章引入混沌思想，并提出了一种基于混沌思想改进的 BP 算法来优化神经模糊控制器的参数设置。混沌现象是非线性系统中一种常见的现象，它具有遍历性和随机性的特点，可以根据其自身的规律在一定范围内连接所有的状态，并在一定范围内遍历全部状态。

标准 BP 神经网络模型有三层神经元形式，分别为输入层、隐层和输出层。隐层为一层或多层，各级神经元都是基于实际研究的问题，各层次神经元之间形成虚拟连接，没有实际联系，如图 4.1 所示。

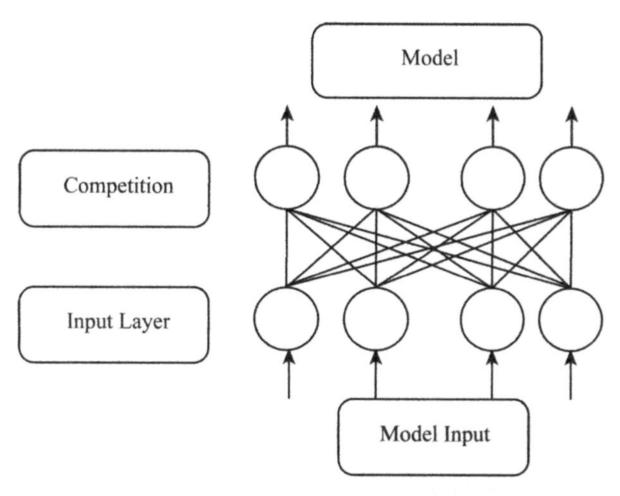

图 4.1　BP 神经网络模型图

在 BP 神经网络的结构中，隐层在三层神经网络模型中起着非常重要的作用，中间层的映射函数是一个非负的非线性函数，其特点是中心对称，并向两侧逐渐减弱。因此，输入向量值越接近基函数的中心值，中间层的输出单位的值越大。反之，输出值越小。所以，其计算模型为：

$$P_u(f) = C\sum_{i=1}^{n} K\left(\left\|\frac{f - z_i}{h}\right\|^2\right)\delta[b(z_i) - u] \tag{4-1}$$

式中，$h \in \mathbf{R}$；z_i 是隐层的基函数的中心；f 是 BP 神经网络中每个隐藏单元的连接尺度；b 是输出层阈值；n 是隐层单元的数量；u 是径向基函数的宽度；δ 是径向基函数；K 是输入 h 和中心 z 之间的距离 i，通常使用高斯函数公式来代替：

$$P_i = \frac{f_i}{\sum_{i=1}^{N} f_i} \tag{4-2}$$

式中，f_i 是高斯函数的宽度。

BP 神经网络一般分为两种学习方法：监督学习法和非监督学习法。本章主要采用监督学习法。算法的基本流程如下：

第一步：确定网络层的数量。根据实际样本大小，可以选择一个隐层或多个隐层。当样本量较大时，可以增加一个隐层来减小网络层的大小。当样品尺寸很小时，通常使用隐层增大网络层的大小。

第二步：计算输入层的节点数。输入层中的节点数量根据输入向量的维度来确定，通常根据实际处理的问题确定输入层的节点数。如果输入的是图像，则根据图像的像素确定输入层中的节点数。如果拟合二元函数，则输入层节点数应为两个节点。

第三步：确定隐节点的数量。隐节点数对 BP 神经网络的性能有很大影响。一般来说，可根据公式确定：

$$E(x) = \sum_{j=1}^{n} E_j \tag{4-3}$$

式中，E 为样本数；j 为隐层节点数；n 为输入层神经元数。

$$\mathrm{CI} = \frac{X + Y + Z}{\sqrt{X^2 + Y^2 + Z^2}} \tag{4-4}$$

式中，X 为输出层神经元个数；Y 为输入层神经元个数；$Z \in [0,\ 10]$。

$$\mathrm{HW}_t = \frac{\sum_{i=1}^{N} D_i(x)}{N} \tag{4-5}$$

式中，N 是输入层的神经元数量。

第四步：输出层的神经元数量通常是根据实际问题确定的，不同的学习结果将在输出层采用不同数量的神经元。

第五步：选择 BP 神经网络的传递函数。

第六步：选择训练方法。神经网络的训练方法主要包括最陡下降模式、改进的最陡倾斜模式、动量下降模式和拟牛顿模式。每种方法都有不同的适用条件，通常根据要解决的实际问题来选择。

第七步：初始值被终止，并且初始值通常被设置为小的非零随机值。

第八步：开始学习和训练，并输出结果。

4.3　神经网络控制器参数优化

BP 神经网络模糊控制器参数的确定也是影响系统总体控制效果的一个重要因素。带有 BP 神经网络模糊控制器参数的多输入多输出模糊控制器是基于联动机制的全 BP 网络结构，一般采用多层前馈神经网络。多层前馈神经网络是一种五层神经网络，每一层都有明确的含义。网络的第一层到第三层实现模糊控制的模糊推理，最后两层实现去模糊化。基于模糊概念的评判方法为模糊综合评判法。该方法以模糊变换为基本原理，以最大隶属度原理为原理，增加精确的数字化手段，从各方面考虑评价对象及其与属性有关的要素，从而实现对评价对象的评价。该方法具有较强的科学性和合理性，更接近实际定量评价的结果。

第一步，确定评价对象的因素范围：

$$C_i(t)=\{|h(t)_{i1}|,\ |h(t)_{i2}|,\ \cdots,\ |h(t)_{iN}|\} \tag{4-6}$$

第二步，确定层级：

$$V=\cup_{a_i\in A}^{m}V(a_i) \tag{4-7}$$

第三步，建立模糊关系矩阵：

$$\begin{pmatrix} x_1 & y_1 & 1 \\ x_2 & y_2 & 1 \\ \vdots & \vdots & \vdots \\ x_p & y_p & 1 \\ x_1 & y_1 & 1 \\ x_2 & y_2 & 1 \\ \vdots & \vdots & \vdots \\ x_p & y_p & 1 \\ \vdots & \vdots & \vdots \\ x_1 & y_1 & 1 \\ x_2 & y_2 & 1 \\ \vdots & \vdots & \vdots \\ x_p & y_p & 1 \end{pmatrix}\begin{pmatrix} a \\ b \\ c \end{pmatrix}=\begin{pmatrix} d_1^{(1,\ j)} \\ d_2^{(1,\ j)} \\ \vdots \\ d_p^{(1,\ j)} \\ d_1^{(2,\ j)} \\ d_2^{(2,\ j)} \\ \vdots \\ d_p^{(2,\ j)} \\ \vdots \\ d_1^{(n,\ j)} \\ d_2^{(n,\ j)} \\ \vdots \\ d_p^{(n,\ j)} \end{pmatrix} \tag{4-8}$$

矩阵中的第 n 行和第 j 列元素将求值对象的成员从元素 d_n 发送到 d_j 层次模糊子集。

根据表 4.5 的结果，当一致性比率指标小于 0.10 时，可以判断矩阵通过一致性检验。

表 4.5 随机一致性指数

n	1	2	3	4	5	6	7	8	9	10	11	12	13
M	0	0	0.4	0.81	1.11	1.21	1.35	1.40	1.48	1.52	1.53	1.56	1.59

第四步，确定评价因子的尺度向量：

$$\begin{cases} \omega^{\mathrm{T}}x_i+b\geqslant 1,\ y_i=+1 \\ \omega^{\mathrm{T}}x_i+b\leqslant 1,\ y_i=-1 \end{cases} \tag{4-9}$$

尺度向量中的元素 ω 基本上是各因子在模糊子中的隶属度。

第五步，综合模糊综合评价结果向量：

$$\begin{bmatrix} \sum_{i=1}^{p} x_i^2 & \sum_{i=1}^{p} x_i y_i & \sum_{i=1}^{p} x_i \\ \sum_{i=1}^{p} x_i y_i & \sum_{i=1}^{p} y_i^2 & \sum_{i=1}^{p} y_i \\ \sum_{i=1}^{p} x_i & \sum_{i=1}^{p} y_i & 1 \end{bmatrix} \begin{bmatrix} a \\ b \\ c \end{bmatrix} = \frac{1}{n} \begin{bmatrix} \sum_{i}^{p} x_i \left(\sum_{i=1}^{n} d_i^{(i,j)} \right) \\ \sum_{i}^{p} y_i \left(\sum_{i=1}^{n} d_i^{(i,j)} \right) \\ \sum_{i=1}^{p} \left(\sum_{i=1}^{n} d_i^{(i,j)} \right) \end{bmatrix}$$

$$= \begin{bmatrix} \sum_{i=1}^{p} x_i \left(\frac{\sum_{i=1}^{n} d_i^{(i,j)}}{n} \right) \\ \sum_{i=1}^{p} y_i \left(\frac{\sum_{i=1}^{n} d_i^{(i,j)}}{n} \right) \\ \sum_{i=1}^{p} \left(\frac{\sum_{i=1}^{n} d_i^{(i,j)}}{n} \right) \end{bmatrix} \tag{4-10}$$

式中，$d_i(i, j)$ 由 a，b，c 和 i 列得到，表示分级模糊子集作为一个整体的隶属度。

4.4 实验分析

4.4.1 验证分析

基于 4.1 节建立的智慧城市指标体系，对于隐藏节点，我们选择经验方法进行计算，结果如表 4.6 和表 4.7 所示。隐层中的节点数范围为 3~13。根据仿真结果，当隐层节点数为 10 时，误差最小。

表 4.6　多种隐层节点的实验结果

隐层节点	迭代次数	均方误差
3	18243	19.8366
4	20185	19.5683
5	22057	18.3878
6	21808	17.6512
7	19554	15.6839

续表

隐层节点	迭代次数	均方误差
8	21008	13.5764
9	21782	12.6459
10	23584	14.3651
11	22061	13.2561
12	24221	18.0648
13	22344	16.3281

表 4.7 具有不同密码层的节点的训练结果统计

隐层节点	训练次数	训练梯度	最佳性能
3	13	0.0821	0.02158
4	3	0.661	0.08315
5	8	0.0623	10.9457
6	4	0.657	0.5843
7	4	1. 38	12.5426
8	2	0.545	3.2587
9	9	0.435	25.3891
10	8	4.36e-12	6.5103
11	6	0.0013	33.2489
12	7	0.0381	0.8422
13	5	0.291	10.2854

实验结果分为 4 个等级：0.8~1.0 为优秀，0.6~0.8 为良好，0.4~0.6 为一般，小于 0.4 为不可接受。输入层节点数为 5，隐层节点数为 5，输出层节点数为 1，从而构造出最优的 BP 神经网络。

结果表明，基于 BP 神经网络训练的实际输出与预期数据一致，且准确率较高。BP 神经网络预测的相对误差如图 4.2 所示，横坐标表示训练迭代次数，纵坐标表示网络训练的均方误差。从图中可以观察到，在训练过程中，误差在前 210 次迭代中降低得更快，并且下降速率在 210 次迭代后趋于平缓。

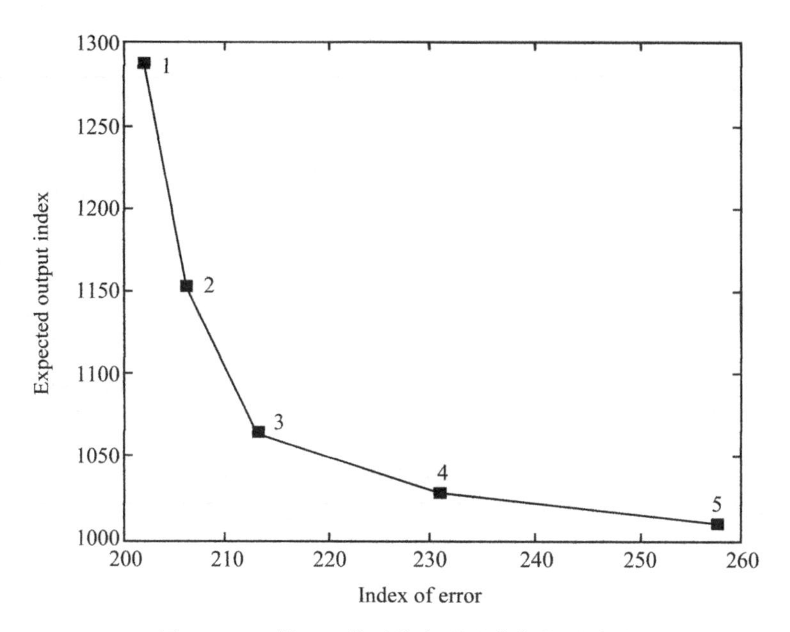

图 4.2　BP 神经网络对均方误差曲线的预测图

如图 4.3 所示，粗实线代表训练曲线，上下两虚线中间的虚线代表测试曲线，上下两虚线代表网络训练曲线的最佳交点。当训练的迭代次数达到 68 时，曲线收敛。然而，当神经网络的隐含节点的数量增加时，训练迭代的数量减少，并且曲线

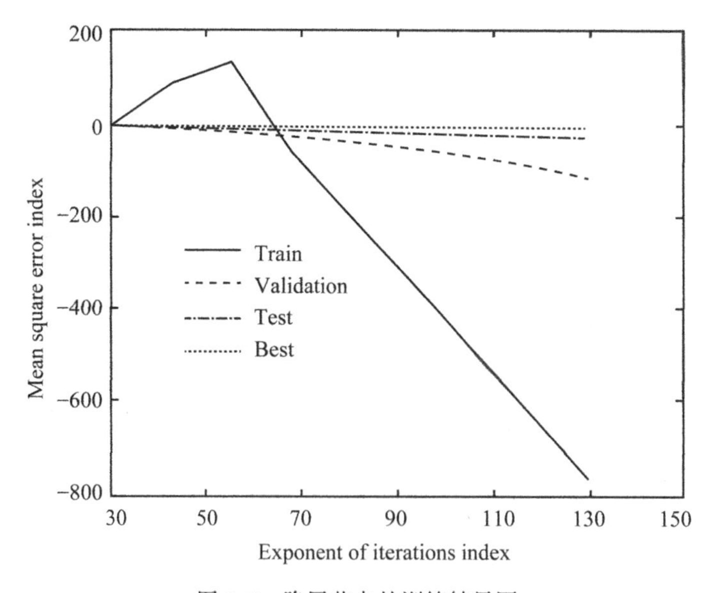

图 4.3　隐层节点的训练结果图

收敛，如图4.4所示。当迭代次数逐渐减少时，由它表示的模拟曲线也将连续变化。如图4.5所示，有效输出和预期输出结果逐渐接近，并且有效输出值和预期输出值之间的误差达到当前目标。用公式可以表示为：

$$f(x) = \mathrm{sign}\left[\omega^{\mathrm{T}}x + b\right] \tag{4-11}$$

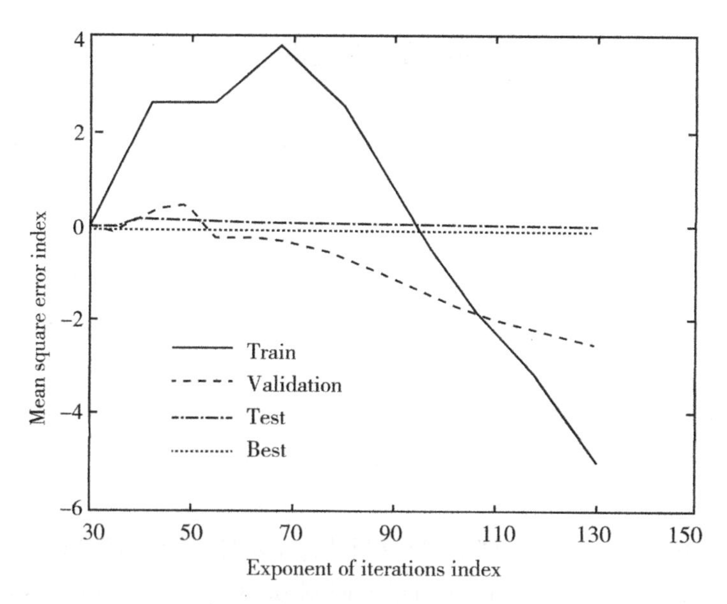

图4.4 加密层节点的输出结果图

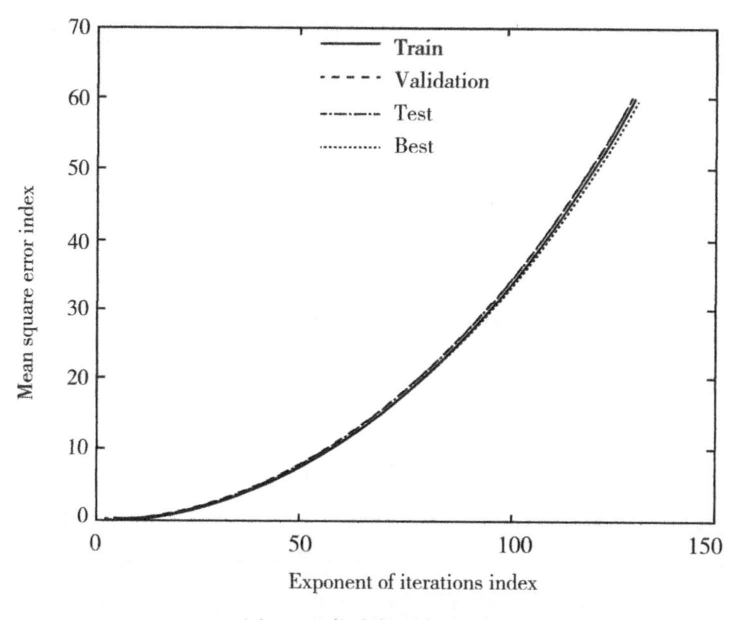

图4.5 仿真结果输出图

神经网络模糊控制器对不同对象的仿真系统的鲁棒性表明：BP 神经网络算法和优化后的神经模糊控制器对不同的优化总是能达到较好的控制效果。即 BP 神经网络算法具有较强的适应性，可用于多种对象的优化设计。

4.4.2　对比分析

根据 4.3 节参数优化过程，第一步，确定模糊神经网络的结构，基于通用模糊控制器，输入量为 E_c 和 E，因此网络输入层的节点数为 2，各输入变量的语言值取 {NB，NS，ZO，PS，PB}，因此第二层节点数是 10。第三层是规则层，因为有两个变量，每个变量有 5 个语言值，所以第三层是 52~25。第四层是归一化层，第三层的节点数为 25，输出层是 1 个节点。第二步，调用 RANDOM 函数。对于网络的第 4 层到第 5 层，权重 P 值为(0，1)，同时，给成员函数的参数赋予负的初始值，可将其设置为接近合理值。与{NB，NS，ZO，P，PB}对应的成员函数的中心设置为{-1，-0.5，0，0.5，1}，而宽度设置为 0.5。第三步，在采样时间内对系统的输出进行采样，并计算错误函数总数，总的错误函数取为

$$AI_t = \frac{(I_t + Q_t)}{2} \cdot \frac{(I_t + Q_t)}{D_t} \tag{4-12}$$

式中，I_t 是预期输出；Q_t 是 t 网络的实际输出；t 是样本数和调用 BP 算法的次数。

在得到错误函数之后，可以使用错误回调 BP 算法来优化整个参数。第四步，根据优化结果的终止条件，当迭代次数大于最大值的系统总误差满足精度要求时，可以终止算法，直接转移至第五步。否则，优化将继续并转到第三步。第五步，优化获得最优解，实现对受控对象的控制，并获得仿真曲线，仿真曲线如图 4.6 所示。

为了测试 BP 神经网络算法对神经模糊控制器的优化效果，以二阶系统为模型，通过仿真结果对优化后控制器的控制效果进行仿真和观察，首选的仿真模型如下：

$$D_r(p) = \frac{D(p)}{\min\ (P_A,\ P_B)} \tag{4-13}$$

取参数 $P = P_A = P_B$，将公式转换成拆分方程：

$$R = \omega L + \frac{1}{\omega C} \tag{4-14}$$

采用双输入和单输出的神经模糊控制器，这两个输入变量是偏差 e 和偏差率 $\mathrm{d}e/\mathrm{d}t$经过量化后映射到区间(-1，1)，模糊子集为{NB，NS，ZO，P，PB}。在 BP 算法中，赋值为 2.50，经过 BP 算法训练后，神经模糊控制系统的单位阶跃

响应曲线如图 4.7 所示。

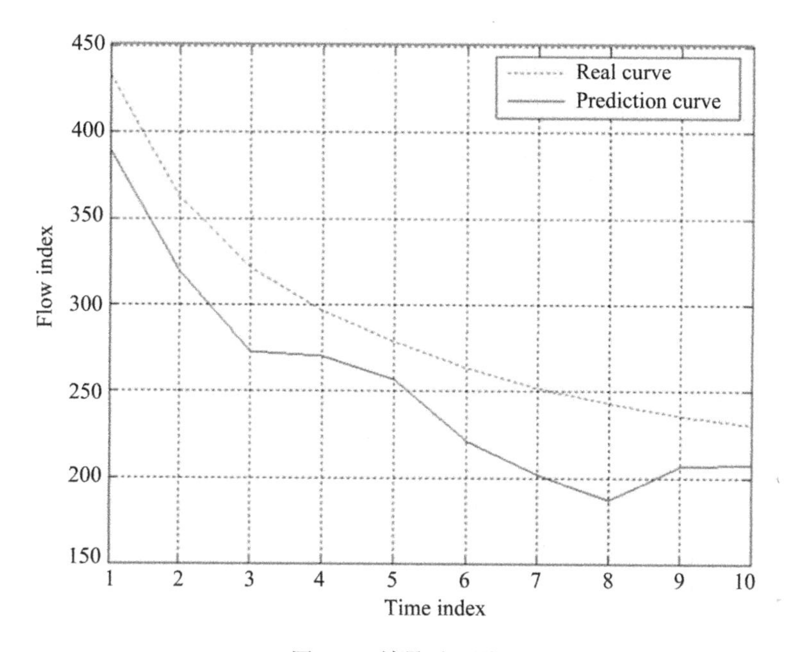

图 4.6 效果对比图

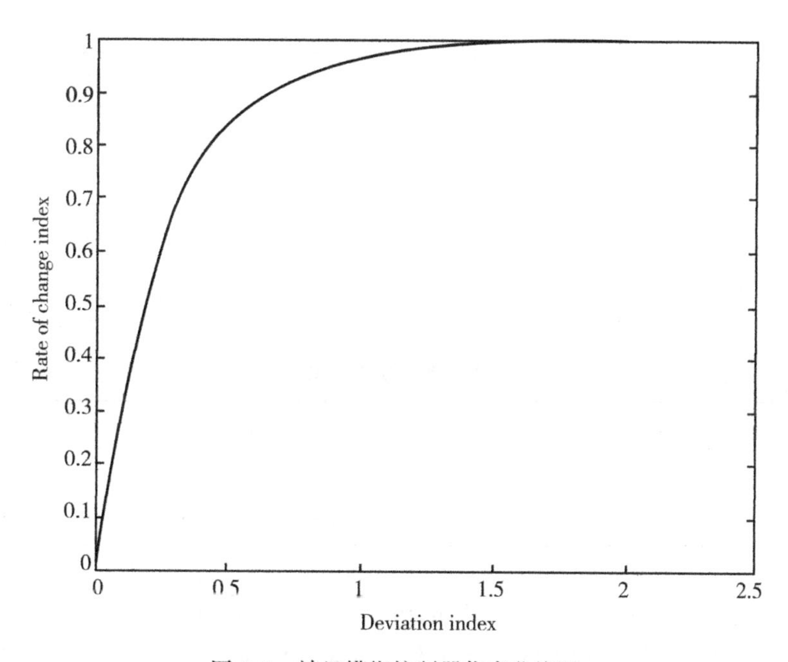

图 4.7 神经模糊控制器仿真曲线图

仿真结果表明，基于 BP 神经网络算法的神经模糊控制器可以有效地控制系统。系统的单位阶跃响应曲线则上升较快，超调量较小，且几乎没有稳态误差。同时，优化效果良好并且满足系统的要求，说明混沌 BP 算法对于神经模糊控制器的参数优化是完全可行的，效果良好。如图 4.8 所示，本章所述的 BP 神经网络对实圆点连线对应的方法进行了评价，其稳定性和光滑性比其他方法更渐进和稳定，评价结果相较于其他方法更合理。

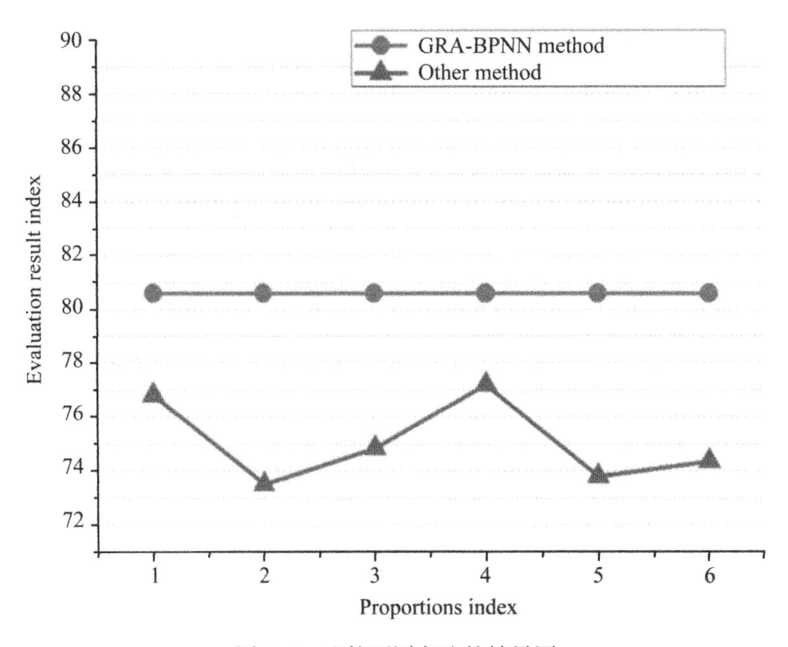

图 4.8　比较不同方法的结果图

本章将 BP 神经网络算法与其他算法进行了比较分析，分析结果如表 4.8 所示。从表 4.8 可以看出，BP 神经网络算法的整体性能优于其他算法。

表 4.8　算法对比

模型类	隐藏节点数	平均百分比误差	均方根误差
BP 神经网络算法	8	0.002122	0.001815
其他算法	8	0.003825	0.002621

本章采用 BP 神经网络算法评估的仿真训练图如图 4.9 所示，仿真结果如图 4.10 所示。BP 神经网络模型的训练状态是逐渐变化的，从仿真结果中可以看出仿

真得到的误差越来越小。该性能表明 BP 神经网络算法具有可行性和相对稳定性。

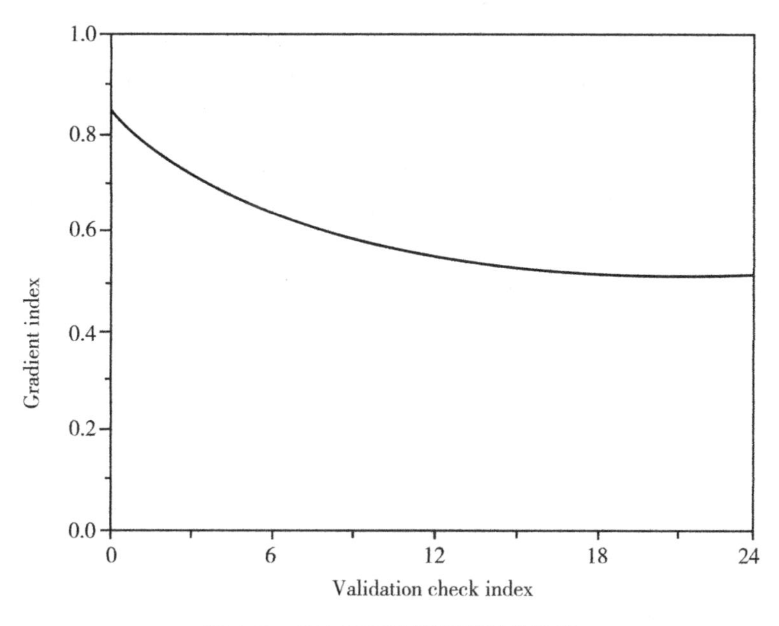

图 4.9 GRA-BPNN 模型训练状态图

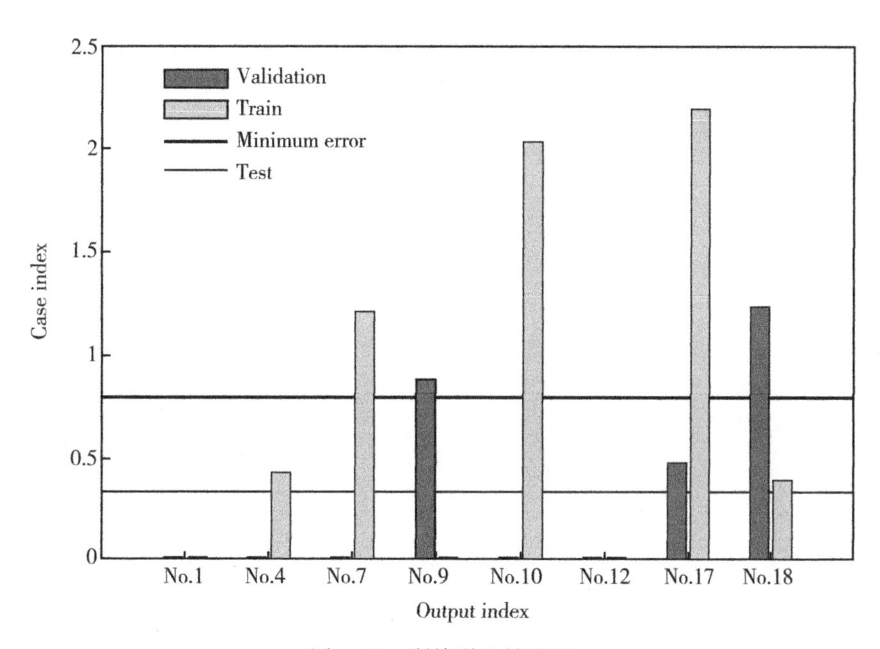

图 4.10 训练误差结果图

4.5　本章小结

本章从理论、模型和方法三个方面对智慧城市的概念进行了阐述，并解析了建设智慧城市的基本评价指标。为在智慧城市环境下建立 BP 网络模糊控制模型，通过不同的方法进一步论证了基于 BP 神经网络算法的模糊控制模型对智慧城市发展的有效性和合理性。为优化神经网络控制器的参数和框架，提出了一种基于标准 BP 算法和利用混沌思想的改进 BP 算法。该算法具有强大的全局搜索能力，搜索效率高，是一种高效的优化算法。将其应用于神经模糊控制器的优化，可以快速地找到最优解，避免局部最小值，实现全局优化。

第5章 城市三维网格智能巡检技术研究

随着互联网、物联网、人工智能等技术的日趋成熟，充分利用其信息数字化的巨大优势，实现信息技术与现代设备管理的高度融合，将其科学合理地运用到设备巡检工作中，优化传统巡检工作流程，可以形成一种新型的智能设备巡检系统，从而提升智慧城市安全管理技术的水平。

5.1 智能巡检技术概述

智能巡检系统主要由以下三方面组成：

(1)巡视数据采集层：主要由巡视人员配置智能巡视移动终端，或者由智能机器人来完成现场设备的巡视工作，并负责及时将巡视数据上传到企业云端或服务器。

(2)数据传输层：由于巡检过程的流动性，需及时、准确地将数据进行传输，可采用无线 WiFi、4G/5G 网络将数据传输到设备巡检管理平台。

(3)智能设备巡检管理平台：该平台涵盖巡检计划编制、指令下达、日常管理、数据分析及异常处理等功能，是一个综合的数据管理系统，并通过上层设备的综合管理平台与制造执行系统(Manufacturing Execution System，MES)相关联。

目前，基于结构化和非结构化网格的三维计算流体动力学(Computational Fluid Dynamics，CFD)技术已经发展得相当成熟。多体相对运动的非定常特性导致了其数值模拟的计算复杂度极高。可变硬球(Variable Hard Sphere，VHS)模型由于未能充分考虑气体分子结构的不对称性，忽略了分子散射的不对称性。与硬球(Hard Sphere，HS)模型相似，VHS 模型中分子的扩散碰撞截面与黏性碰撞截面的比值是恒定的，这在多组分气体混合物中尤为重要，但 VHS 模型在这方面与实际应用存在较大偏差。为了克服这一缺陷，有专家提出了可变软球(Variable Soft Sphere，VSS)模型，使得分子的扩散碰撞截面与黏性碰撞截面的比值更贴近实际值。尽管 VHS 模型和 VSS 模型都采用了反功率来描述分子间的排斥作用，但反功率实际上是一种简化的排斥力。

在直接模拟蒙特卡罗(Direct Simulation Monte Carlo，DSMC)方法中，最初采用的是 HS 模型，其固定的分子直径和碰撞截面简化了理论分析和数值计算过程。然而，这种简化与实际分子碰撞截面随相对运动速度变化的物理特性并不相符。分子间的相互作用不仅包括紧密的排斥力，还包括在较大距离下的弱引力。为了在 DSMC 模拟中更准确地再现分子间的排斥和吸引作用，有关专家引入了广义硬球（Generalized Hard Sphere，GHS）模型，该模型在保持 HS 模型或 VHS 模型的均匀散射率的同时，提供了更符合实际的碰撞截面。

随着高性能计算技术的发展，尤其是在并行计算领域的进步，结合 VSS 模型的散射率和 GHS 模型的碰撞截面，数值计算已经转向了更高效的计算模式。在解决稀有气体动力学问题时，DSMC 方法已经显示出其巨大的潜力。然而，高性能计算资源的成本和存储需求限制了 DSMC 方法的广泛应用。在大规模并行超级计算机系统中，国外流体力学研究者已在并行 DSMC 计算方面取得了显著成果。尽管这些超级计算机系统的高昂成本限制了其快速普及，但它们在推动 DSMC 方法发展方面发挥了重要作用。

基于现有的学术成果，本研究针对三维非结构网格上的纳维-斯托克斯（Navier-Stokes，NS）方程，提出一种新的并行计算方法。该方法采用集群并行架构，并利用消息传递接口（Message Passing Interface，MPI）来构建高效的并行计算环境。以三维非结构化网格作为计算的基本单元，开发了一种适用于 DSMC 的分布式并行算法。由于三维非结构网格技术在处理特定物体或部件周围的网格生成时具有显著的优势，与传统网格技术相比，当物体或部件发生移动时，三维非结构网格允许仅对局部区域进行调整，而无须重新生成整个网格，这不仅提高了计算效率，也增强了数值模拟的稳定性。这种特性使得该方法非常适合于模拟多体相对运动等动态问题。该算法能够在每个实时计算步骤中自动进行网格的动态划分，确保了各 CPU 的负载均衡，并能够灵活处理任意形状的网格单元，具有自动化、高效率和灵活性等优点。这些特性使得算法非常适合处理复杂的多体干涉和非定常流动问题。此外，算法还包括了网格自适应细化技术，以更精确地捕捉流动中的关键特征，如湍流和边界层效应。通过在高性能计算平台上实现并行化，该算法能够显著减少大规模模拟的计算时间，为流体动力学研究提供了强有力的计算支持。

5.2　搜索技术

三维非结构化网格生成方法是通过向流场中输入大量的分子代替真实的分子来实现流场模拟。模拟分子的位置坐标和速度分量等参数随着分子的运动和碰撞而变化。因此，在计算过程中保存这些参数需要大量的资源，如何快速跟踪分子的位置是一个需要解决的问题。本研究采用射线法和二值法相结合的单元搜索算法，不仅可以跟踪模拟分子在网格之间的移动，而且可以求解模拟分子和边界。该算法通用性强，理论上可以应用于任意形状的网格。下面简单描述射线法和二值法，在此基础上得到一种改进的相邻单元搜索算法。

射线法是一种用于判定点与多边形(多面体)相对位置的几何方法。具体操作是从待判断的点发出一条射线，该射线向无限远处延伸。基于这条射线与多边形(多面体)的交点数量，我们可以确定点的位置：射线与多边形(多面体)相交次数为奇数时，点位于多边形或多面体内；相交次数为偶数时，点位于多边形(多面体)外部。在确定点的相对位置时，这种检索方法在几何计算中非常实用。优化后的相邻单元搜索算法则通过整合射线法和二值法，有效提高了搜索效率和准确性。二值法在此算法中用于快速缩小搜索范围，而射线法则用于精确判定点与网格单元的相对位置。这种改进的算法不仅提升了搜索速度，还增强了算法的鲁棒性，为流体动力学中跟踪模拟分子提供了一种高效解决方案。

例如在二维情形下，射线法在确定点与多边形位置关系时可能会遇到奇异问题，影响其准确性，如图 5.1 所示。此时，引入二元方法，通过调整射线的方向来规避这些问题。该方法不仅能够迅速排除与射线不相交的边缘，而且能有效避免因射线与边缘相交而产生的奇异问题。二元方法简化了搜索过程，通过快速筛选，只关注那些可能与射线相交的边缘，从而减少了不必要的计算。同时，该方法通过调整射线的发射策略，比如改变射线的方向或选择不同的参考点，有效地解决了奇异问题，确保算法在各种情况下都能给出正确的判断，提高了算法的效率和可靠性。

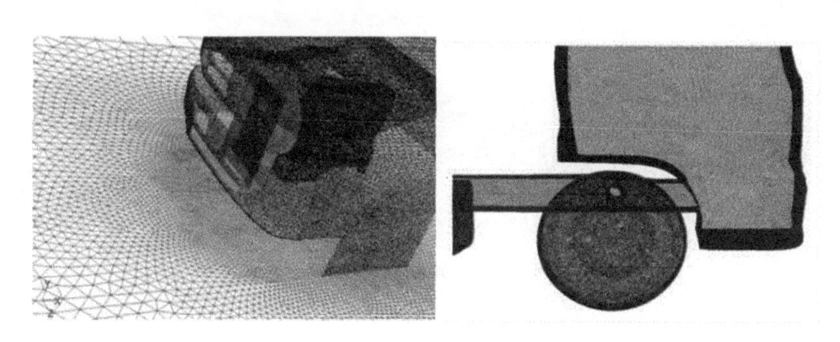

图 5.1　结构网格图

5.3　非结构化计算网格的生成

非结构化网格主要用于识别可能发生碰撞的分子对，以及采集宏观流动参数。计算网格的设计必须确保网格体积与流场特征尺度相比足够小，并且能够容纳足够多的分子。这是非结构化计算网格必须满足的条件之一。矩形网格作为背景网格，用于覆盖整个计算区域。对于每个非结构化网格单元，如果其被判定为结构网格单元，则将其视为结构网格单元。交替二分法的划分会导致网格尺度过大，从而降低计算精度。此时需将几何长度较长的方向设为划分方向，并将另一方向确定的平面作为遍历平面。

背景网格作为计算域的覆盖基础，其第一层节点分区数目 NSM $(I,\ J)$ 若在所有 J 值中非单一，则需沿分区方向进行遍历，以累积属于结构化网格的非结构化单元，直到分子数超过子分子总数的 $2\cdot \mathrm{NSM}(I,\ J)-\mathrm{MOD}(\mathrm{NSM}(I,\ J))$。一般过程如下：

(1)选择合适的矩形结构网格作为背景网格，覆盖整个计算区域，所有非结构化网格单元利用其坐标查找并记录关联的结构网格单元。

(2)使用背景网格的分区信息构建二进制树结构。

(3)输入分解区域总数 NSUB(Number of Subdivisions)，计算分区层数：

$$\mathrm{Level}=\mathrm{INT}\left(\frac{\lg(\mathrm{NSUB})}{\lg(2)}\right)+1$$

根据背景网格在 x、y、z 三个方向的几何长度确定分区方向和遍历单元方向。

例如，使用 ICEM(Integrated Computational Elements Mesh)软件生成的机器人手臂局部外场网格如图 5.2 所示，展示了一个完整的三维非结构化网格生成过程。这一过程要求精确地定义每个网格的点、线、面，以确保生成的网格满足模拟所需的精度和分辨率。

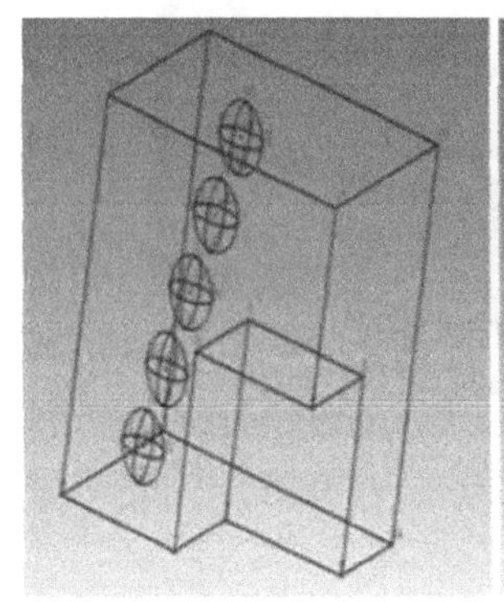
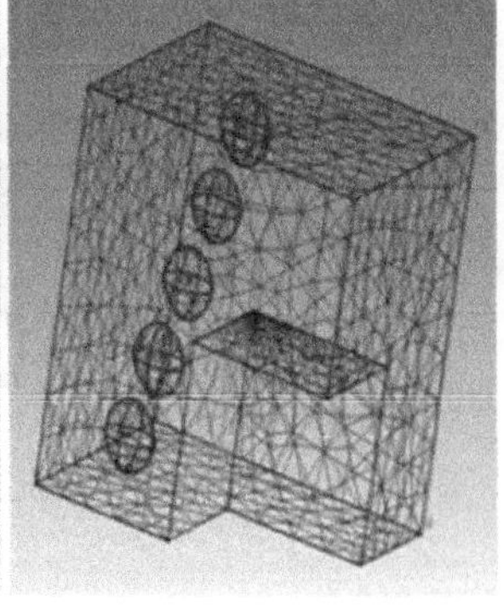
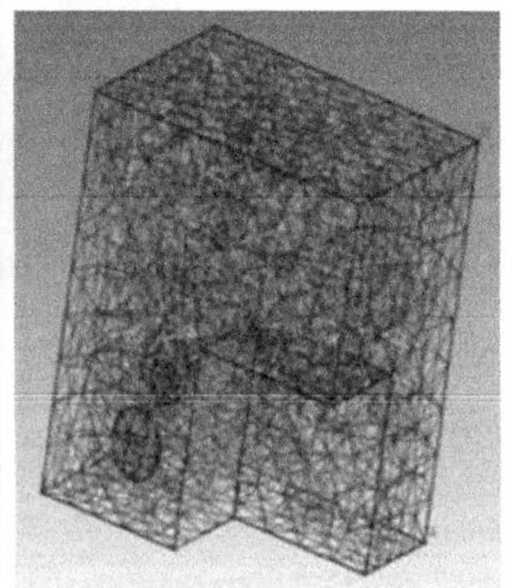

图 5.2　3D 奇异示意图

非结构化计算网格的设计原则是基于四面体作为三维空间中最基本的单元形状，可由四面体构建任意复杂空间区域的网格。这种网格类型的优势在于它摆脱了结构化网格的刚性约束，允许节点和单元的自由分布，从而可以灵活地调整网格单元的大小、形状和位置，在规模和适应性上相较于结构化网格具有更加显著的优势。在非结构化网格中，一个节点周围的节点及单元数量是变化的，因此自适应网格技术可以根据计算区域的特性，如流场的湍流强度和固体的应力分布，动态地调整网格的密度。这种技术使得关键区域能够获得更密集的网格，以捕捉细节；而在变化较小的区域则使用较稀疏的网格，以优化计算资源，最终实现整个计算域的精度提升。

5.4　三维非结构化网格控制边缘值

本研究探讨了基于非结构化网格的有限体积法，并针对三维非结构化网格及Navier-Stokes方程的差分格式进行了深入分析，提出了优化后的非结构化网格方法。在混合差分法的基础上，该方法解决了非结构化网格中流场控制系统的边界值问题。优化后的非结构化网格方法通过消除网格节点间的结构性约束，实现了节点和单元的自由分布。这种布局方式不仅允许对网格单元的大小、形状和位置进行精确控制，而且相较于结构化网格，提供了更大的灵活性和适应性。在非结构化网格中，一个网格点周围的节点和单元格数量不是固定的，因此自适应网格技术能够根据流场特性动态调整网格密度，从而在保持计算效率的同时显著提升计算精度。

流场的计算流程如图5.3所示，展示了优化后的非结构化网格在流体动力学模拟中的应用效果。通过这种先进的网格技术，本研究成功提高了流场模拟的准确性和效率。

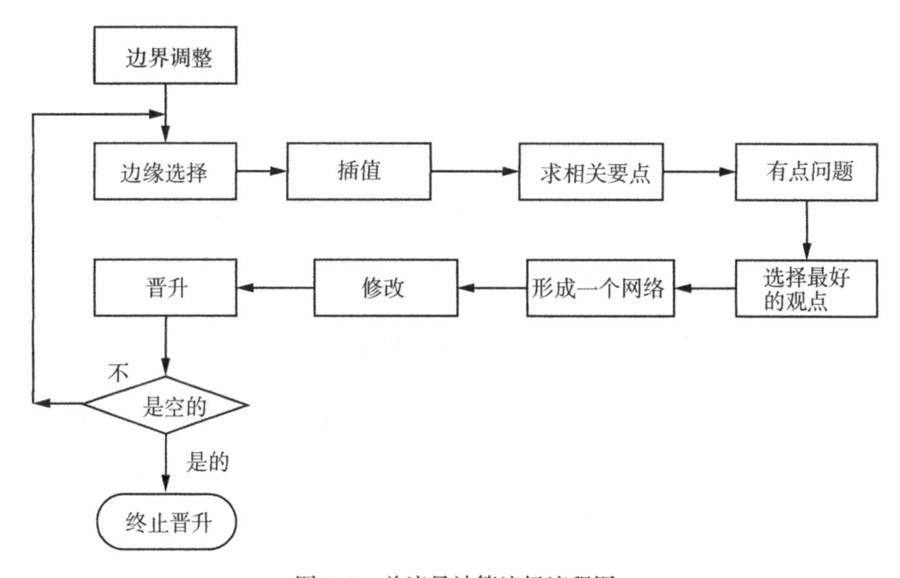

图5.3　总流量计算流场流程图

远程控制法是解决边值问题的一种基本方法。考虑边界值问题如式(5-1)所示：

$$\begin{cases} y'' = f(x,\ y),\ a \leqslant x \leqslant b \\ y(a) = \alpha \\ y(b) = \beta \end{cases} \tag{5-1}$$

将$[a,\ b]$分成$N+1$段，每一个分割点$x_i = a + h^i$，$i = 0,\ 1,\ \cdots,\ N+1$，$h = \dfrac{b-a}{N+1}$。

如果点x_i近似为$[a,\ b]$中的偏差，则可以采用以下公式：

$$y''(x_i) = \frac{y(x_i+1) - 2y(x_i) + y(x_i-1)}{h^2} - \frac{h^2}{12}y^{(4)}(z_i) \tag{5-2}$$

忽略余数，假设$y_i \approx y(x_i)$，则上面的式子可以转化为远程控制方程：

$$\begin{cases} \dfrac{y(x_{i+1}) - 2y(x_i) + y(x_{i-1})}{h^2} = f(x_i,\ y_i) \\ y_0 = \propto,\ y_{N+1} = \beta \end{cases},\quad i = 1,\ \cdots,\ N \tag{5-3}$$

利用远程控制方程来逼近边值问题，截断误差阶数为$O(h_2)$，为了得到更精确的近似值，可以利用泰勒公式展开。

假设将上式中的微分方程近似为远程控制方程，可以得到式(5-4)：

$$y_{i+1} - 2y_i + y_{i-1} = [f(x_{i+1},\ y_{i+1}) + \beta_0 f(x_i,\ y_i) + (x_{i-1},\ y_{i-1})] \tag{5-4}$$

当参数β_1、β_0、β_{-1}确定后，公式可简化为：

$$\begin{aligned} L[y(x);\ h] = {} & y(x+h) - 2y(x) + y(x-h) - \\ & h^2[\beta_1 y''(x+h) + \beta_0 y''(x) + \beta_{-1} y''(x-h)] \end{aligned} \tag{5-5}$$

根据泰勒公式在x处得到h_6，得到式(5-6)：

$$\begin{aligned} L[y(x);\ h] = {} & [1 - (\beta_1 + \beta_0 + \beta_{-1})]h^2 y''(x) + (\beta_{-1} - \beta_1)h^3 y''(x) + \\ & \left[\frac{2}{4!} - \frac{1}{2}(\beta_1 + \beta_{-1})\right]h^4 y^{(4)}(x) + \frac{1}{3!}(\beta_{-1} - \beta_1)h^5 y^{(5)}(x) + \\ & \left[\frac{2}{6!} - \frac{1}{4}(\beta_1 + \beta_{-1})\right]h^6 y^{(6)}(x) + O(h^7) \end{aligned} \tag{5-6}$$

若建立式(5-7)，则开始接收主进程的分区信息，并初始化子区域流场：

$$1 - (\beta_1 + \beta_0 + \beta_{-1}) = 0,\ \beta_{-1} - \beta_1 = 0,\ \left[-\frac{1}{2}(\beta_1 + \beta_{-1})\right] = 0 \tag{5-7}$$

继续未完成的计算，对接收流场进行求解，得到式(5-8)和式(5-9)：

$$\beta_0 = \frac{10}{12},\ \beta_1 = \beta_{-1} = \frac{1}{12} \tag{5-8}$$

$$L[y(x);\ h] = -y^{(6)} : O(h^7) \tag{5-9}$$

将上述结果代入式(5-4)，得到远程控制方程为：

$$\begin{cases} y_{i+1} - 2y_i + y_i = \dfrac{h^2}{12}, & i = 1, \cdots, N \\ y_0 = \alpha, & y_{N+1} = \beta \end{cases} \tag{5-10}$$

截断误差由式(5-5) 求得，逼近阶为式(5-11)：

$$\frac{L[yh]}{h^2} = O(h^4) \tag{5-11}$$

式(5-4)包含两项，第一项是正交融合项，而第二项是非正交融合项。在该方程中，单元顶点处的变量值被用于构建等式，利用结构化网格的一致性特点，可以推导出非结构化网格上一般方程的离散形式。然而，在确定计算点位置时，非结构化网格的拓扑结构不规则性则导致与结构化网格在处理高阶差分格式时的显著差异。针对这些特性，在流场计算中，本研究结合三维复合梯度法和约束因子法，提出一种适用于非结构网格计算的二阶混合差分格式。该格式从初始推进平面开始，参考背景网格的布局，通过控制参数的数量，逐步推进网格的生成，直至覆盖整个计算域，并确保选择合适的非结构化三维网格作为背景网格。

为精确覆盖边界值控制区域，需选择适当的非结构化三维网格。所有非结构化网格元素通过其坐标进行定位，并记录其对应的结构单元，如图 5.4 所示。这种方法不仅提高了网格生成的准确性，而且通过优化网格分布，增强了数值解的精度和鲁棒性。

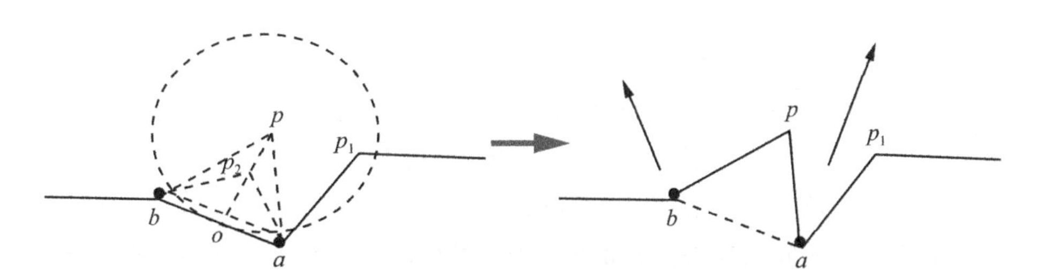

图 5.4　用于平滑优化的非结构化网格

无论采用何种方法建立模型，本研究都对远程控制方程的可解性及求解性进行了讨论，并求解了 y 的远程控制方程，即当 h 趋于零时，$\lim\limits_{h \to 0} i = y(x_i)$ 。将整个背景网格分区信息作为二进制数的根节点，将式(5-8) 改写如下：

$$Ay + \Phi(y) = 0 \tag{5-12}$$

其中，整个背景网格分区信息显示为式(5-13)：

$$A=\begin{bmatrix} 2 & & & & -1 \\ -1 & 2 & & & -1 \\ & \ddots & \ddots & & \ddots \\ & & -1 & 2 & -1 \\ & & & -1 & 2 \end{bmatrix},\quad y=\begin{bmatrix} y_1 \\ y_2 \\ \vdots \\ y_{N-1} \\ y_N \end{bmatrix} \tag{5-13}$$

当 $f(x, y)$ 表现为非线性时，则 $\Phi(y)$ 也是非线性的。因此，上述式子构成了一个非线性方程组。为进一步减少非结构化网格的计算量，本研究选择界面数量作为迭代循环的变量，代替了传统的单元数量。这种策略允许算法更高效地处理网格的拓扑结构，因为界面(或边)通常比单元具有更少的数目，从而减少了迭代次数。此外，为加快离散代数方程的求解过程，该方法还引入了预条件共轭梯度法(Preconditioned Conjugate Gradient Method，PCGM)，通过预条件矩阵来改善系统条件，减少迭代步骤，从而显著提高收敛速度。

5.5　3D 非结构网格远程并行隐式控制算法

提升并行算法效率的关键在于实现计算过程中各计算节点的负载均衡。在单一的三维非结构化网格中，这一目标相对容易实现，只需保证每个分区包含的网格元素数量大致相等。通常情况下，整个计算过程只需处理一个分区。然而，在处理动态重叠的三维非结构化网格时，实现并行计算中的负载均衡则复杂得多，这主要由以下三个因素导致：

(1)重叠的三维非结构化网格由多个子网格组成，这些子网格相互重叠时，网格单元或节点的数量可能发生显著变化，增加了划分的难度。

(2)隐式远程控制节点不直接参与流场的计算，其计算量相对于活跃节点可以忽略，这意味着即便分区中的节点数量相近，实际的计算负载可能存在显著差异。

(3)随着物理时间的演进，需要在三维非结构化网格间进行动态调整，即在每个时间步长内对网格节点的计算负载进行重新分配。

针对这些问题，本研究提出了一种高效的自动并行算法，尤其适用于处理三维非结构动态重叠网格。整个求解器的流程如图 5.5 所示。

该并行算法以由三个独立三维非结构子网格构成的一个重叠网格为前提，并由三个计算节点执行并行计算任务。其中，CPU 0 负责主节点(主进程)的计算。划分策略旨在确保每个分区的图元权重大致相等，同时优化了分区界面的边界划分，

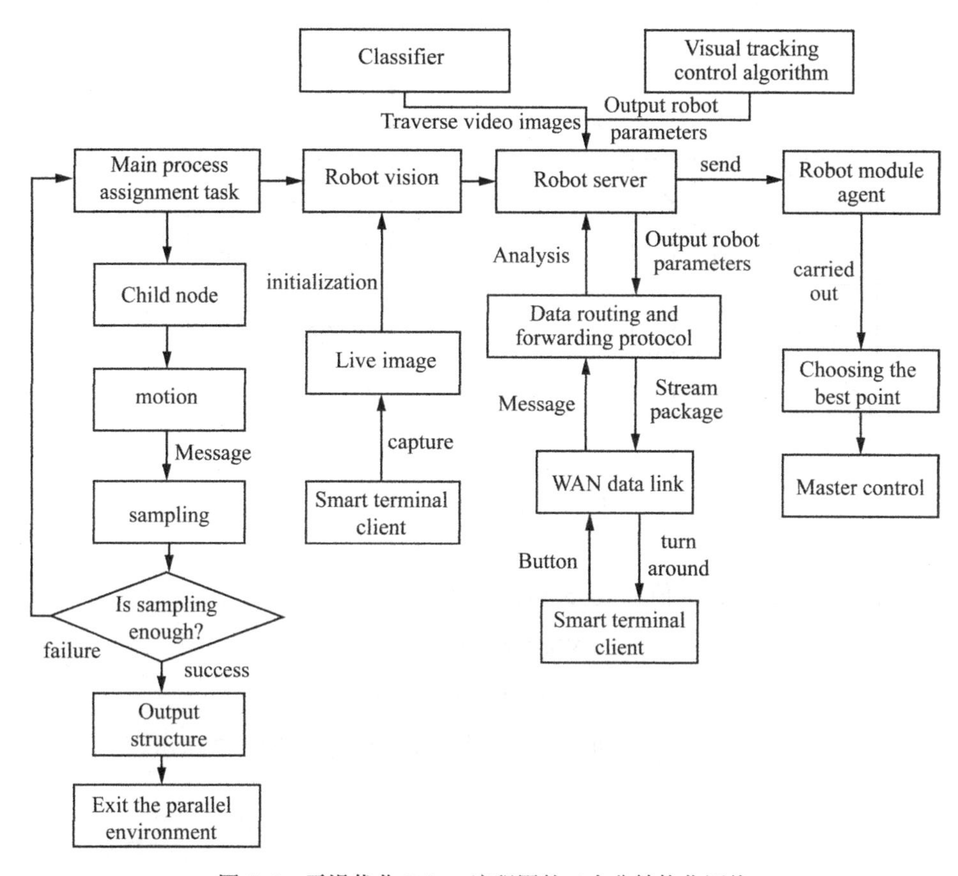

图 5.5　平滑优化 Solver 流程图的 5 个非结构化网格

以实现高效的负载均衡。尽管预条件共轭梯度法能够求解正交的边界拟合坐标，但并不适用于在计算域内调整节点密度以匹配物理梯度。为了在局部网格稀疏区域实现梯度的自适应调整，通常需要采用泊松方程来减小该区域的梯度值，如式(5-14)、式(5-15)所示。这种方法使得网格密度能够根据流场特性进行优化，提高了数值模拟的精度和效率。

$$\nabla^2\xi = \xi_{xx} = A \tag{5-14}$$

$$\xi = \frac{A}{2}(x^2 - x) + x \tag{5-15}$$

ξ 坐标对应于物理平面上的径向线，取 68，使用拉普拉斯方程进行变换；η 坐标对应于物理平面上的纬度，取 25。当 $A = 0$ 时使用泊松方程进行变换，如图

5.6(a) 所示；当 $A = 2$ 时如图 5.6(b) 所示。

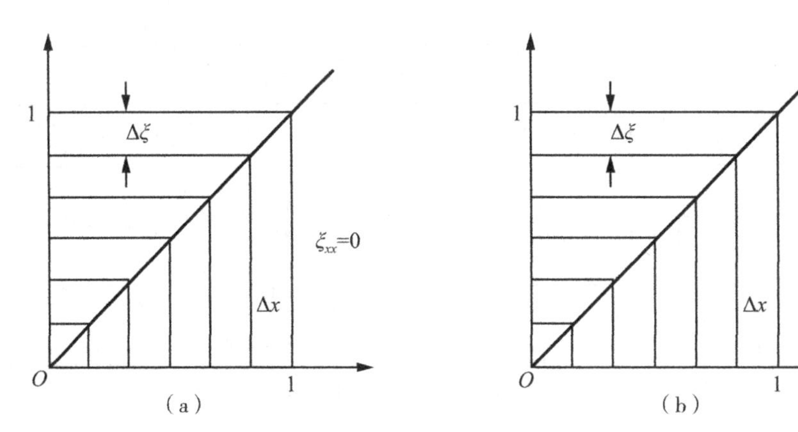

图 5.6　计算区域的节点密度函数

三维泊松方程的特征值如式(5-16) 所示：

$$\begin{cases} \nabla^2 \xi = \xi_{xx} + \xi_{yy} = A \\ \nabla^2 \eta = \xi_{xx} + \xi_{yy} = P \end{cases} \tag{5-16}$$

在三维特征值中，源项 A 和 P 可以控制网格趋势，如图 5.7 所示。

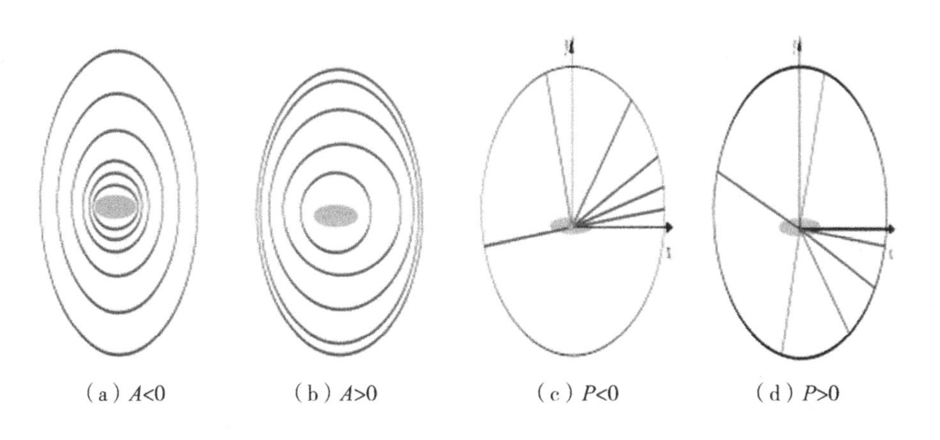

图 5.7　趋势图

在处理隐式泊松方程时，若其特征值小于零，且压力 P 为负值，则网格线在同一坐标方向上不得相交，而不同坐标方向的网格线仅能相交一次。网格中每个节点都应位于坐标系中，且坐标线交点的位置由有限差分法确定，而非通过插值方法得到。差分值的计算直接基于每个节点的坐标值，气动力的求解和计算过程由主计算节点并行完成，通过伪时间步长的推进实现计算节点间的基本负载均衡。需注意的是，并行部分的计算量通常只占总计算量的一小部分。

该方法的优势在于确保了每个计算节点上的三维非结构化网格节点数量基本一致，这有助于提高计算节点间的数据通信效率。考虑到非活动节点的计算量可以忽略不计，本研究采用了加权分区方法，其中活动节点的权值远大于非活动节点，确保了每个分区中活动节点的数量大致相等。分区完成后，还需建立分区间的数据显示，以便在每个物理时间步长迭代完成后，将各子区域的计算结果发送回主计算节点。这种方法提高了数据传输的效率，同时保持了计算的准确性和并行处理的平衡性。

5.6　基于 DSMC 的机器人检查远程控制动态分区

远程控制检测机器人技术能够精确识别众多设备的故障和缺陷，从而显著提升检测过程中机器人运行的稳定性。在设备维护方面，维修团队能够迅速、准确地定位故障源头，及时进行修复，进一步增强了机器人在执行检查任务时的安全性和可靠性。例如，在变电站的应用案例中，共检测出 12 个故障点，这些故障的诊断是通过回路电阻试验来完成的。一旦检测到设备状态异常，系统会自动向控制台发送故障报警信息。检查员在确认报警的具体位置后，将集中精力对故障设备进行处理。

本研究基于 PCCLUSTER 三维并行架构，成功实现了机器人巡逻远程控制系统中的消息传递库的并行环境，并深入研究了三维非结构化网格在 DSMC(直接模拟蒙特卡罗)方法中的并行算法。图 5.8 展示了采用三维非结构化网格，基于 DSMC 方法设计的巡逻机器人模型。本研究所提出的基于背景网格的非结构化网格动态划分策略，能够确保每个子区域的分子数量大致相等，实现计算过程中的动态负载均衡。此外，由 MPI 库函数和并行算法构成的通信方法，已被证实适用于非结构化网格离散控制系统的隐式并行计算，为提高计算效率和确保计算精度提供了有力支持。

由于 DSMC 方法的计算特性与数学物理方程的数值解法不同，其并行效率主要受分区中分子数量的影响，而非网格单元的数量。传统的划分方法往往难以确保各分区中分子数量的均衡，这可能导致计算过程中的等待时间增加，进而影响整体的计算效率。

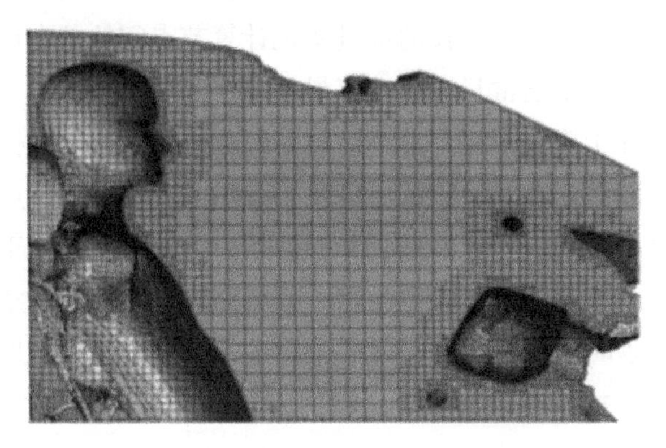

图 5.8　三维非结构化网格 DSM 巡逻机器人

为了解决这一问题，本研究提出了一种动态划分策略，目的是确保所有子区域内分子数量的均衡分布。这种策略提高了 DSMC 并行计算的效率，减少了因分子数量不均导致的计算等待时长，从而优化了计算资源的分配，实现了更高效的并行处理，进一步提升了 DSMC 模拟的整体性能。图 5.9 所示检测机器人的远程控制边缘值反映出动态划分策略的应用效果。

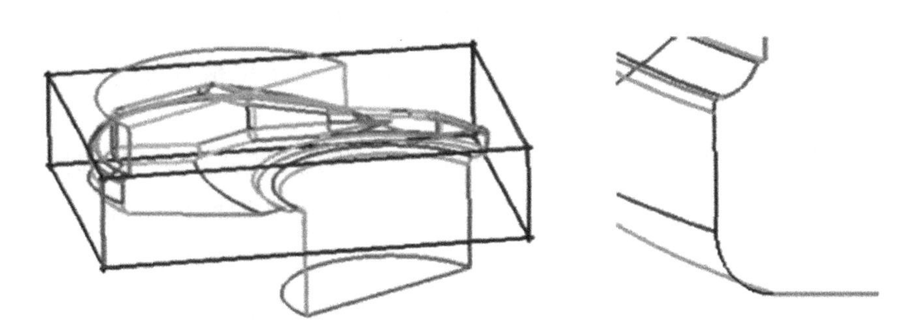

图 5.9　检测机器人远程控制边缘值

传统的分区方法往往是静态的，即在计算开始前完成分区，并在计算过程中保持不变。这种方法难以适应随时间发展变化的非均匀流场，特别是在冲击波等动力学现象之后，高密度区域和低密度区域的分子数量差异可能导致显著的计算负载不均衡，进而导致过长的等待时间。为了克服这一局限，本研究提出的基于三维非结构化网格的隐式动态划分策略，旨在确保所有子区域的分子数量大致相等，从而减少进程间的等待时间，提高并行计算的效率。这种划分方法能够适应流场的非均匀性，动态调整分子在各分区中的分布，以匹配实际的流动特性。通过这种改进的分区方法，可以显著提升 DSMC 方法在处理复杂流动问题时的并行计算性能，如图 5.10 所示。

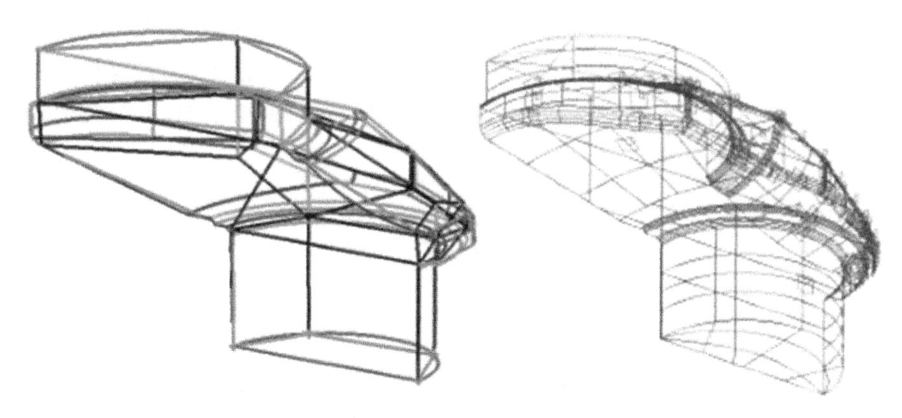

图 5.10 底座检测图

在所讨论的远程控制数据方法中，控制列表方法结构简明，可实现高效的数据传输，有效减少了因数据流量过大而引发的通信拥塞问题。从上述分析可以推断出，三维非结构化网格的生成和划分是一个动态演化过程。为了优化内存使用，本研究采用 FORTRAN90 的动态内存分配特性动态存储全局数组中的几何图形数据。

针对机器人遥控检测系统中的中断隔离截面湍流现象，本研究进行了详尽的数值模拟，并提供了机器人基座的精确几何参数及压力测量结果。例如，机身臂长 $l = 0.0824\text{m}$，流速度 $U = 39.8\text{m/s}$。图 5.11 展示了基于三维非结构化网格的并行隐式算法与传统的结构网格、混合网格以及非结构化网格方法的性能对比分析。这一对比揭示了非结构化网格在模拟复杂几何和流动条件下的优越性，以及并行隐式算法在提高数值模拟效率方面的显著贡献。

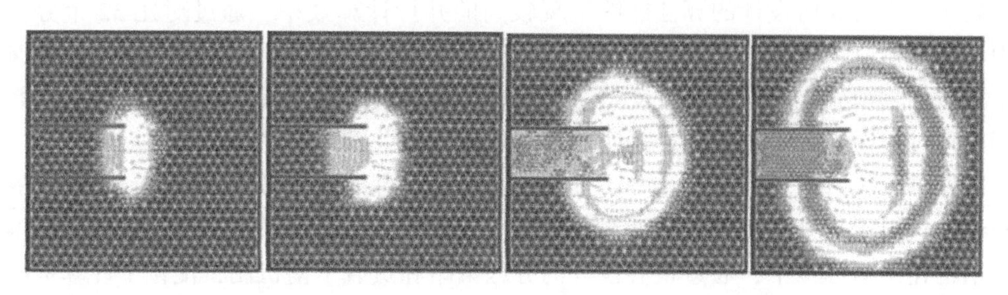

图 5.11 基于三维非结构化网格的并行隐式算法与结构化网格、混合网格和非结构化网格对比图

为了实现对机器人本体附近区域网格的局部细化，计算域被扩展至基座上下面积的五倍，形成一个双连接的计算区域。在此区域，网格节点数 $N_n = 3061$，边数 $N_l = 9041$，单元数 $N_e = 5980$。从结果图中可以明显看出，在处理具有复杂几何形状的问题时，基于三维非结构化网格的并行算法的适应性和通用性是传统结构化网格方法难以匹敌的。这种局部细化策略不仅增强了对关键区域流动特性的捕捉能力，而且充分利用了非结构化网格在复杂几何适应性上的优势。通过这种方法，可以更精确地模拟机器人本体附近的流动现象，为机器人的优化设计和性能分析提供了强有力的数值模拟支持。

5.7　结果分析

本研究对检查机器人周围的流动进行了数值模拟分析，其中红外物体在 350K 处被漫反射。背景三维非结构化网格为 100×50×120，网格单元和节点数分别为 414668 和 78704。流入条件和摩尔百分比见表 5.1。

表 5.1　计算效率比较

高度 (km)	$T\infty$ (K)	$M\infty$	∞ (kg/m³)	结合摩尔百分比(%)		
				O_2	N_2	O
91	187	27.4	3.12×10^{-6}	0.241	0.798	0.005
124	364	18.2	17.15×10^{-6}	0.079	0.735	0.187
134	501	15.1	8.30×10^{-6}	0.079	0.658	0.238
142	614	13.4	3.31×10^{-6}	0.068	0.652	0.279

表 5.2 比较了不同数量的处理器用于检测机器人远程控制的并行计算结果。结果表明，本研究所设计的算法能够实现较高的并行计算效率。通过对比 32 个分区中各处理器所承担的分子数，发现在计算过程中各分区的分子数大致稳定，这确保了负载的均衡分配，从而有效支持了三维非结构化网格的隐式并行数值模拟。在并行处理过程中，分子数的均衡是实现加速比提升的关键因素之一。

这种分子数的均衡分配进一步证实了算法在处理期间对计算负载进行了有效的管理，这对于提升并行计算性能至关重要。在涉及复杂几何形状和流动特性的三维非结构化网格模拟中，通过精心设计的分区策略和负载平衡机制，优化了计算资源的利用，提高了并行计算的整体效率。

表 5.2 计算效率比较

处理器数量	水平行走速度	并行时间成本	加速度	并行效率
1	64.26	64.25	1.02	99.98
15	5.48	79.96	12.01	86.15
20	4.01	81.25	16.24	80.06
32	2.98	87.10	24.01	74.25

三维非结构化网格的离散控制算法采用多层循环二分法进行网格划分，并支持图元的加权处理。这种划分策略确保了分区后各映射元素的权值大致相同，同时尽可能减少了分区界面的边数，其中每个图元的权函数被设定为1。通过混合规划方法，该算法被有效集成到N-S(Navier-Stokes)方程求解器中，实现了从网格划分到求解的一体化流程。程序的执行流程包括输入输出管理、重叠三维非结构化网格的组装与划分、六自由度方程求解以及空气动力学计算等步骤，这些任务均由主计算节点依次完成。通过并行计算，伪时间步长的推进得到有效提升。

计算结果的比较分析显示，在不同视域下对称平面系数的分布与并行计算程序得到的结果一致，这一结果验证了隐式并行化三维非结构化网格 DSMC 方法的有效性。特别在机械臂作用区域观察到压力的二次峰值现象，而在反向区域则密度较低。

在基于三维非结构化网格的隐式并行架构和 MPI 消息传递库支持的并行环境下，本研究进一步研究了机器人巡逻远程控制流的直接仿真方法及并行计算技术，并提出了一种适用于任意复杂形状的通用三维非结构化网格并行隐式算法。这种方法由于消除了网格节点间的结构约束，因而在控制网格点的大小、形状和位置的选择上提供了更大的灵活性。

5.8 本章小结

本章针对机器人检测系统，利用 MPI 库函数开发了两种基于 DSMC(直接模拟蒙特卡罗)并行原理兼容的算法。这些算法基于背景网格的非结构化网格动态划分策略，不仅确保了子区域划分的一致性，还实现了分子数量的大致均衡，从而在计算过程中达到了动态负载平衡。由 MPI 库函数构建的控制算法和并行算法，适用于非结构化网格 DSMC 的并行计算需求，模拟数值实验证实了这些并行算法的正确性和有效性。

然而，由于检测机器人结构的复杂性，在控制机器人运动时必须考虑实际重力影响。在系统应用层面，为了训练和联结分类器，使用的负样本是室内背景图像。

此外，非结构化网格并行隐式算法在人工与机器视觉有效融合方面的应用，仍需进一步研究和完善。

这些研究成果为机器人检测系统的并行计算提供了新的视角和方法，同时也指出了未来研究的方向。

第6章　城市交通与土地利用互动作用关系研究

6.1　城市交通与土地利用互动作用关系研究概述

在现代城市化进程中，城市交通与土地利用的互动关系显得越发重要。城市作为人类活动的核心场所，其交通结构和土地利用模式直接影响着城市的发展和居民的生活质量。因此，深入探究城市交通与土地利用之间的互动机制，构建一体化的模型，为城市的健康发展提供理论支撑，已经成为学术界和实践领域的共同关注点。当前，随着城市化进程的加速和交通需求的增长，传统的交通规划方法面临着许多挑战。传统规划方法常过于简化，忽视城市内部各区域的特点和需求，从而导致交通系统效率低下和资源浪费。为了更好地解决这些问题，本章提出了采用差别化的交通分区手段来进行交通规划的新思路。这种方法不仅考虑了城市整体的交通需求，还充分考虑了各个区域的特点和需求，从而实现了交通支撑、交通引领和交通减负的有效平衡。在实际应用中，通过对城市进行细分分区，可以更精确地识别出各个区域的交通瓶颈和潜在问题。基于这些分析结果，可以制定出更科学和有针对性的交通规划策略，实现交通资源的合理配置和利用。例如，对于交通压力较大的区域，可以采取增加公共交通设施、优化道路布局和引导交通流等措施，以缓解交通压力和提高交通效率。此外，本章还强调了城市规划在解决城市交通问题中的核心地位。作为城市发展的基石，城市规划对于引导城市交通的合理发展和优化城市空间结构具有决定性的引领作用。因此，通过在城市规划的源头提供解决城市交通问题的方法，不仅可以实现城市交通系统的合理引导，还可以为城市的长远发展提供有力的支撑。综上所述，城市交通与土地利用的一体化互动研究是一个复杂而又富有挑战性的领域。本章通过构建交通与土地利用的一体化模型，提出了差异化的交通分区手段，并强调了城市规划在解决城市交通问题中的核心地位。这些研究成果为城市交通系统的合理发展和城市空间结构的优化提供了科学的理论支撑，为城市的可持续发展和居民的生活质量提供了有力的保障。

在全球范围内，城市化进程的加速带来了一系列复杂的问题和挑战，其中交通和土地利用之间的关系尤为引人关注。这两者的互动性质直接影响了城市的发展模式、居民的生活质量以及城市发展的可持续性。德国古典经济学派的理论为我们提供了初步的认识。在这一时期，学者们开始关注城市的区位选择与其经济效益之间的关系。他们认为交通的便捷性是决定城市区位选择的关键因素之一。这种思考方式为后来的城市规划和设计提供了理论基础，使得交通设施的建设与城市发展紧密相连。有专家提出城市的区位选择受到交通网络的制约，而交通的便利程度则直接影响了土地的价值和利用方式。这种理论和观点强调了交通在城市空间结构形成中的核心地位，为后续的城市规划提供了重要的思路。其他学者引入了更现代的城市空间经济学和行为学理论。他们认为，城市的空间结构是由多种因素共同作用而形成的，其中交通是最关键的一环。这种理论不仅从经济的角度分析了交通与土地利用之间的关系，还从社会和行为的层面揭示了它们之间的复杂互动。随着城市化进程的不断加速，交通和土地利用之间的关系变得更加紧密。在高度发达的城市地区，如何在有限的土地资源中平衡交通和其他功能区的需求成为一项巨大的挑战。一方面，优化交通网络和提高交通效率是确保城市顺利运行的关键；另一方面，合理利用土地资源和保障居民的生活质量也同样重要。在实际的城市规划和设计中，需要综合考虑各种因素，确保交通与土地利用之间的良性互动。这不仅需要科学的理论指导，还需要实地考察和多方参与。例如，通过先进的交通模拟技术和地理信息系统，我们可以精确评估交通网络的运行效率和土地利用的合理性，为城市规划提供科学的依据。此外，公众参与和社会各界的合作也是推动城市发展的关键。通过开展公众咨询和社区活动，我们可以更好地了解居民的需求和期望，为他们提供更便捷和高效的交通服务。

城市交通与土地利用的关系一直是城市规划和设计中的核心议题。尽管已有许多研究关注此领域，但多数研究仍然停留在定性分析的层面。因此，进行深入的量化分析，以揭示交通与土地利用之间的具体关联，成为本章的主要目标。首先，对城市形态与交通系统的互动进行量化分析是至关重要的。通过收集和分析大量的实证数据，我们能够更准确地评估城市结构、土地利用模式以及交通流量之间的关系。这种数据驱动的分析方法为我们提供了一个全新的视角，使我们能够深入了解城市发展的动态过程。在研究过程中，我们特别关注了不同交通分区的特点和需求。不同的交通分区可能具有不同的土地利用模式和交通流动性。因此，针对每一个交通分区，我们都采取了差别化的设施供应和引导策略，以满足其独特的需求和挑战。在研究数据的基础上，我们进一步探讨了多种因素对出行行为的影响。城市规模、土地使用政策、交通出行和居住密度等因素都被认为是影响出行行为的关键因素。通过对这些因素的深入分析，我们能够更准确地预测未来的交通需求和土地利用模式。值得注意的是，我们发现住宅密度与出行距离之间存在明显的负相关关系。这意味着在高密度的居住区，居民的出行距离往往更短。这一发现为城市规划和设计提供了重要的参考信息，强调了在未来的城市发展中，如何通过优化居住区的布局和设计，以减少出行距离和提高交通效率。此外，我们还发现宜人的小区设施设计可以有效地降低出行距离。例如，提供便捷的公共交通服务、鼓励步行和骑行、优化交通网络等措施都可以有效地减少居民的出行需求。这为未来的城市规划和设计提供了有益的启示。关于土地使用政策和交通政策的影响，我们的研究也取得了一些有价值的发现。与土地使用政策相比，交通政策对交通方式的影响更为明显和强烈。这表明，在城市规划和设计中，应当更加重视交通政策的制定和实施，以促进绿色出行和可持续发展。

城市交通与土地利用的关系一直是城市规划和设计中的核心议题。尽管已有许多研究关注此领域，但多数研究仍然停留在定性分析的层面。因此，进行深入的量化分析，以揭示交通与土地利用之间的具体关联机制，成为本章的主要目标。

6.2 城市交通与土地利用互动作用的机理

6.2.1 城市土地利用对城市交通系统的作用

城市空间结构和土地使用的开发能够促进交通系统的建立和发展。土地开发密度、土地利用强度和土地利用混合程度等城市土地利用特征与非机动出行比例呈正相关，且高强度、紧凑的土地利用开发区域由于多功能用地在空间上相对集中，使交通出行距离缩短，故出行分布易在小范围内均衡。而低密度、分散的土地利用则会产生大规模通勤流。城市空间结构和土地使用的开发能够促进交通系统的建立和发展。合理的土地开发可以使交通走廊和区域内部职住趋于平衡，同时城市土地混合开发程度高，居住地点靠近就业地点，公交换乘方便，有利于公共交通、自行车等可持续交通方式的健康发展。城市空间结构和土地开发还能够调节客流分布和影响居民出行方式。城市用地功能布局能够促进交通系统的高效利用。

城市交通设施在交通高峰期间的空间利用效率高，可以减少潮汐交通的问题。城市土地开发的性质和强度能够为公共交通，尤其是大容量的快速公共交通系统(轨道交通和快速公交)提供客源支持。城市土地利用布局对城市交通格局起着决定性作用。随着城市不断发展、交通方式持续改进以及道路网的更新，城市空间格局将进行重组，进而带来的土地利用模式演化将影响城市交通网络格局与交通模式的选择并与之相适应。针对广州的研究表明，交通网络的空间格局与城市不同发展阶段土地利用模式密切相关，城市交通系统发展的阶段性特征显著。随着土地高密度集中开发，城市交通需求不断膨胀，导致普通公共交通系统已无法满足城市交通需求，需要更大运载力、更高效的交通模式与之适应，故城市交通逐渐进入大容量的轨道交通模式。

此外，本章内容也从城市用地的空间结构对交通模式选择的影响展开，认为单中心的交通流呈明显的潮汐式，这种有序的交通模式有利于组织公共交通且助推以公交为导向(TOD)的城市发展模式。与之形成鲜明对比的是美国在 20 世纪中期推行的就业郊区化和多中心发展策略，这不仅未减少城市交通需求，反而增加了居民出行距离，形成了以私家车出行为主导的交通模式。因此，城市土地利用布局对城市交通模式的选择及交通流的分布有着显著影响，而科学合理的城市土地利用规划对优化城市交通网络结构和交通模式的选择至关重要。

6.2.2　城市交通系统对城市土地利用的作用

城市交通系统能有效支撑土地开发，服务于城市空间结构和用地布局的高效和便捷。其主要表现为：交通的通达性和可达性好，交通系统的承载能力与土地开发的性质、强度和布局相匹配。

城市交通系统能够引导城市实现 TOD 开发模式，具体包含以大容量快速公共交通系统支撑和引导紧凑、高密度、高强度的土地开发；公共交通与其他交通方式之间有效衔接，换乘方便；中、长距离的交通出行以公共交通为主导。

城市的道路交通网会引起土地的破碎化，与城市土地利用空间形态呈现出显著的空间相关性。它不仅引导城市空间格局的演化，而且反过来也会影响城市空间的拓展。同时，交通网络的发展也会改善区位可达性，带来沿线区域土地利用形态的演变。这又进一步引导城市新的土地开发密集区域的形成，促进城市多中心空间结构的发育。城市交通网络对沿线土地开发具有强烈的空间吸引效应，并且交通干线周边区域的土地利用强度呈现距离衰减规律。此外，城市道路交通发展还显著影响土地价格的空间分布，如公交线路数、道路网密度与居住、商业地价变动的关联度较高。城市道路交通网络还会对土地利用结构产生影响，不同类型的交通廊道对居住、商服、工业等城市各功能用地空间分布的差异化影响不同。

6.2.3　城市交通系统与城市土地利用的相互作用

从交通视角对土地利用-交通相互作用(Land-use Transport Interaction，LUTI)互馈机制的研究以可达性理论和交通供需平衡理论为代表。可达性理论认为，由于交通设施分布的不均衡性，不同区域可达性的差异直接影响着居民的出行决策及开发商的投资决策，进而影响土地利用开发。城市土地利用亦促使交通设施建设来满足因土地利用强度增加而带来的日益膨胀的交通出行需求(图 6.1)。

交通供需平衡理论则认为，两者间存在一种以交通空间需求与交通供给相互平衡为纽带的互动反馈关系，土地利用作为城市交通需求产生的根源，而城市交通系统决定了交通供给。随着两者持续发展，交通供需关系会随之发生改变，进而形成一种供需匹配机制(图 6.2)。

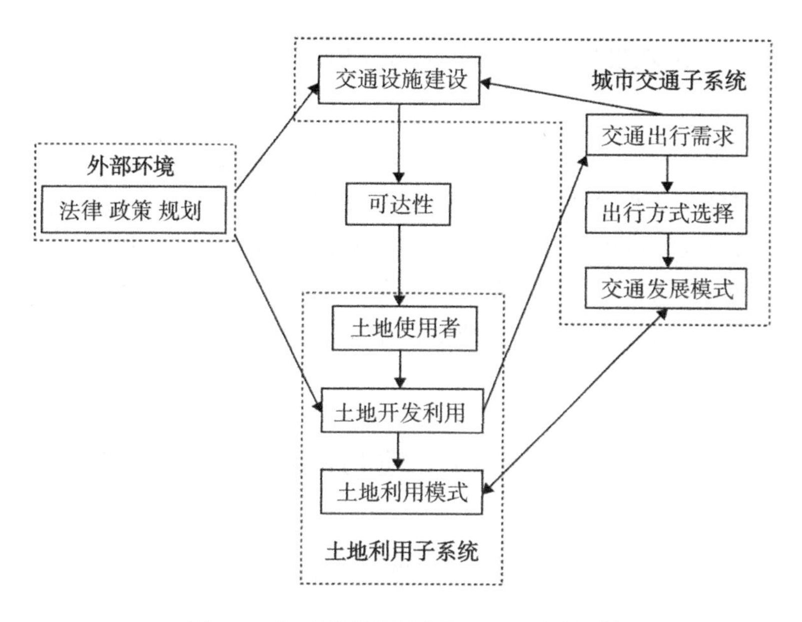

图 6.1 基于无障碍环境的 LUTI 反馈机制

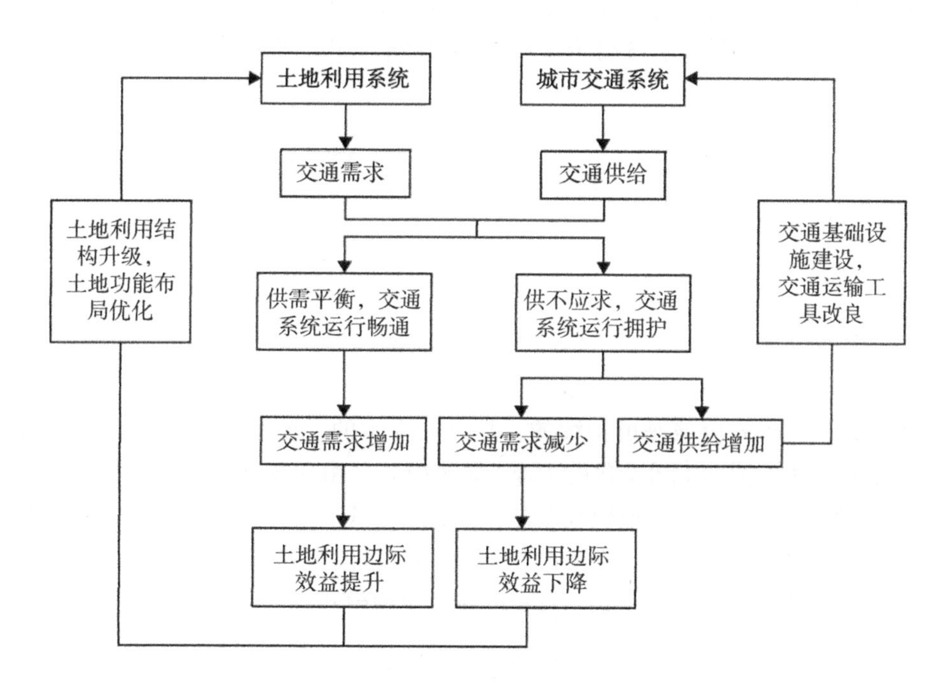

图 6.2 基于运输供需平衡的 LUTI 反馈机制

6.2.4　城市交通与土地利用互动分析的层次

在研究城市交通系统时，可以通过交通需求和交通供给对其进行标识。交通需求方面包括交通量、交通方式结构、出行距离和出行空间分布等；在交通供给方面则考虑交通容量、交通建设投资水平和交通设施结构等因素。在研究土地利用系统时，城市交通模式和城市形态的互动是一个重要的表征方面，同时也可以考虑不同城市特征和土地利用特征对交通系统的影响。在微观层面上，互动分析可以考虑土地利用混合程度与出行分布、土地利用混合程度与出行距离以及居民出行方式与土地利用之间的互动。

6.3　城市交通与土地利用互动作用分析

6.3.1　城市交通与土地利用宏观互动作用分析

1. 城市形态与交通模式的互动

城市形态可归结为6种形式：①单中心圈层式城市；②星形城市；③多核线性城市；④多核非线性城市；⑤带形城市；⑥方格形城市(图6.3)。

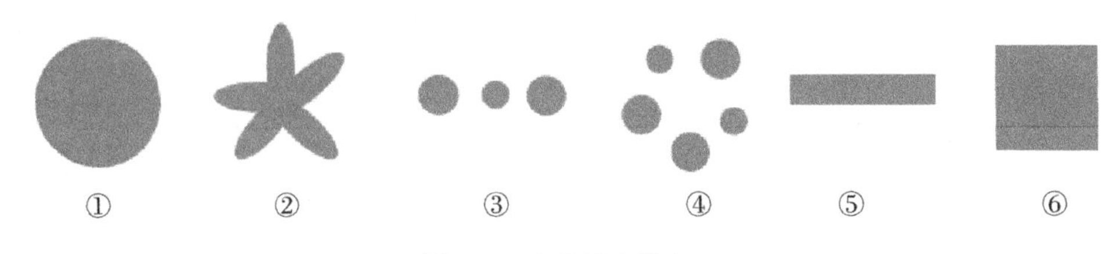

图6.3　六种城市形态

城市的交通模式应该是可持续的，是以人为本的。城市形态大部分为大圆饼形，交通模式主要是自行车(含助力车)交通模式。由于城市规模和区域的扩张，部分特大以上城市，主要交通模式则是公共交通模式。国外发达国家城市交通主要模式有以下几种：欧洲的公共交通(常规公交车+轨道交通)+小汽车停车和换乘交通模式、美国的小汽车交通模式、日本的轨道交通模式。

2. 城市交通与土地利用的宏观一体化模型

城市交通以交通效率为目标，关键在于如何调整城市空间结构对象中各组团的土地功能、面积、人口规模和它们的地域空间距离，使得对应的城市交通系统的总出行时间最小化，从而达到最优的交通效率，提升宏观可达性水平。

模型代表的城市空间形态：空间外观为一个多中心的放射状城市体系，由一个一级中心组团和若干个二级中心组团构成(图6.4)。

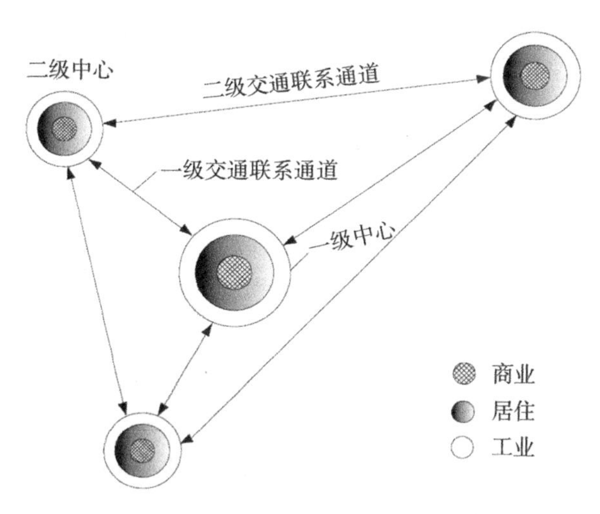

图6.4 城市空间格局模型

基于LUTI一体化规划视角的互馈机制研究亦有涉足。该互馈机制构建了包含土地利用、交通及开发商模型三个基本构件的LUTI综合规划模型，并将政策分析纳入反馈机制(图6.5)中：在静态反馈层面，土地利用决定了城市空间活动分布与交通系统运行；在动态反馈层面，城市活动分布、交通可达性与通过开发商投资建设而形成的城市新空间结构则为下一轮土地利用预测的前提。

模型的数学表达见式(6-1)：

$$\min T = \sum_{i=1}^{n}\left[\sum_{j=1}^{m} f(T_{ij})\, r_{ij}\right]\left(\sum_{k=1}^{l} S_{ik}\, q_{ik}\right) + \sum_{i=1}^{n}\sum_{j=1}^{n} \frac{\lambda_{ij} P_i^{\alpha} P_j^{\beta}}{e^{sd_{ij}}} \frac{d_{ij}}{v_{ij}}$$

s. t.

$$\sum_{i=1}^{n} S_{ik} = S_k, \quad \sum_{i=1}^{n} P_i = P \tag{6-1}$$

$$\frac{P_i}{\sum_{k=1}^{i} S_{ik}} \leqslant P_0, \quad S_{ik}、P_i、d_{ij} \geqslant 0$$

模型的求解如图6.6所示。

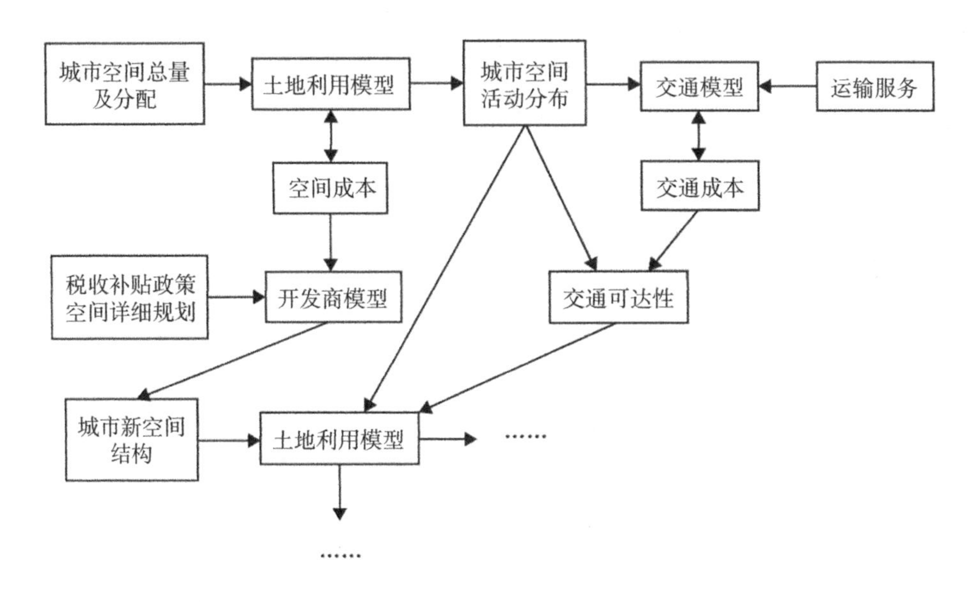

图 6.5　基于 LUTI 一体化规划视角的互馈机制

6.3.2　城市交通与土地利用微观互动作用分析

1. 交通分布与土地混合利用程度的互动分析

混合土地利用是指城市特定区域内具有多种性质的土地利用情况。土地利用的混合程度可通过土地利用混合率来反映，混合率熵指数模型见式(6-2)：

$$\mathrm{TR} = |\mathrm{RD} \times \lg(\mathrm{RD})| + \sum_{k=1}^{R} |\mathrm{EM}_k \times \lg(\mathrm{EM}_k)| \tag{6-2}$$

式中，TR 为片区土地利用混合率；RD 为片区人口密度(人/公顷)；EM_k为片区内第 K 类用地就业岗位密度；R 为用地分类数。

2. 出行距离与土地混合利用程度的互动分析

某一地区范围内的居民出行距离与该地区的土地混合利用程度密切相关，当土地利用达到一定混合程度时，能够吸纳大部分的本地区居民出行，减少跨区域的出行活动和居民出行距离。

出行距离与土地混合利用率相互抑制的互动机理模型见式(6-3)：

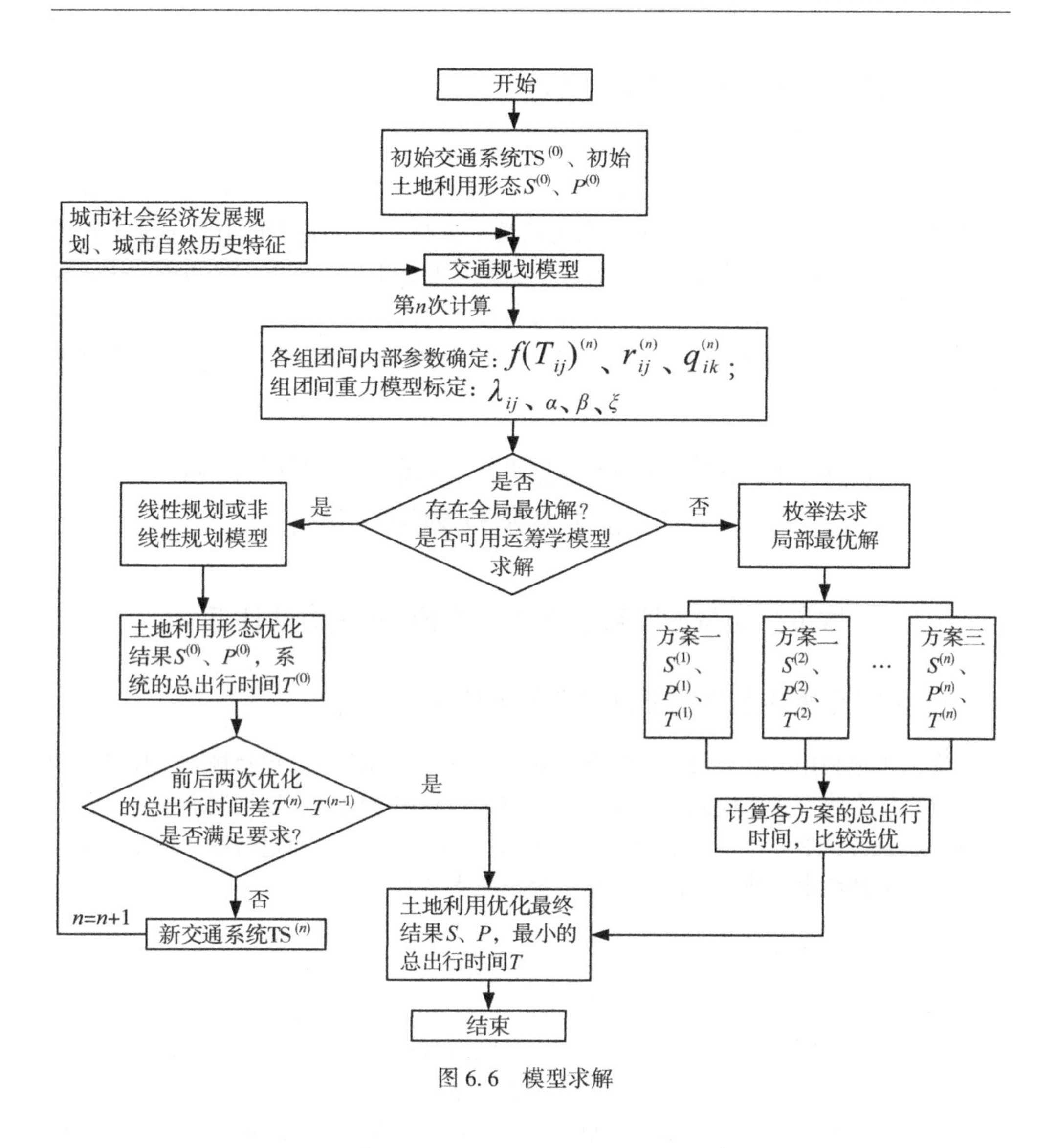

图 6.6 模型求解

$$
\begin{cases}
\dfrac{\mathrm{d}x_1}{\mathrm{d}t} = r_1 x_1\left(1 - \dfrac{x_1}{N_1} - \sigma_1 \dfrac{x_2}{N_2}\right) \\
\dfrac{\mathrm{d}x_2}{\mathrm{d}t} = r_2 x_2\left(1 - \dfrac{x_2}{N_2} - \sigma_2 \dfrac{x_1}{N_1}\right)
\end{cases} \tag{6-3}
$$

当土地混合利用率达到一定水平时，该地区的居民平均出行距离会减少。需要注意的是，土地混合利用虽然能够在一定程度上减少居民出行距离，但土地利用的过度混合将会导致城市空间结构和交通的无序发展。

3. 居民出行方式与土地利用性质的互动分析

居住区的交通方式是小汽车+自行车+步行。由于路幅宽度限制，主要交通方式为步行和自行车，不适合公共交通方式。商业区最主要的交通方式是步行，在商业区内步行交通应该是立体化的，它包括地下步行街、地面步行街和地上步行走廊。我国城市居民上下班主要靠自行车、公共交通，小汽车在大中城市的比重正在增长。因此，以居民上下班单程路途的时间，大中城市不超过30分钟，特大、超大和巨型城市不超过60分钟为宜，以此来确定工业区和城市之间联系的主要交通方式。

6.4　城市交通与土地利用协调发展下的规划方法体系及规划评价体系

6.4.1　城市交通与土地利用协调发展下的规划方法体系

1. 城市交通与土地利用协调发展下的规划机制

面向土地利用与交通协调发展下的规划运行机制与模式，包括规划工作开展的阶段、组织方法、工作模式。在城市交通与土地利用之间从制度性层面整合，最有效的实施方法是加强城市交通与土地利用部门间横向联系，通过行政立法或完善相关法规的刚性约束，建立协同、调控、反馈三大机制。

2. 城市交通与土地利用协调发展下的规划方法

(1)在编制城市总体规划的早期阶段，应建立城市用地规划和交通规划的互动机制，对城市空间布局的不同用地和交通方案进行比选，进行战略方案测试，使城市未来的空间发展和相应的交通发展实现有机结合。

(2)在分区域落实城市总体规划阶段，应建立整体与局部的规划协调机制，保证局部的利益服从城市交通发展规划的公共交通规划。

(3)城市用地规划与交通规划的联动机制，要分析交通设施是否能够承担所增加的土地开发强度，用地规划方案的某些变化均应进行交通分析和评估。同时，交通规划方案的变化也要进行相关的土地需求分析。

3. 城市交通与土地利用协调发展下的规划保障

要从政策法规、编制和管理机制三方面确保城市土地利用与交通一体化规划的实施。在政策法规上，加强城市土地开发与城市交通相关政策的协调，建立健全公共交通法规体系，落实公共交通优先政策与实施细则，是完善各项政策法规的前提和重点。在编制机制上，加强城市用地规划与交通规划编制的互动机制，加强城市用地规划和交通规划调整的联动机制，同时加强各主管部门之间的沟通协作。在管理机制上，一方面应转变政府职能，提高政府的公共管理与公共服务意识，并将管理方式从需求满足型转变到供给引导型；另一方面要提高规划部门的协调能力。

6.4.2 城市交通与土地利用协调发展规划的评价体系

1. 城市交通与土地利用协调发展规划的评价目标和标准

协调发展规划的评价目标：通过实现交通系统、土地利用、政策支持、经济效益和资源环境方面的目标，促进城市交通与土地利用之间的良性互动与协调共生，实现可持续发展。协调发展规划的评价标准：最小交通需求、最佳服务水平、最合理的交通模式、最合理用地规模、最合理用地结构、公交优先政策、最小运营成本、最大经济效益、最小环境影响、最小资源占用。

2. 城市交通与土地利用协调发展规划的评价方法

城市交通与土地利用协调发展规划的评价方法，可以分为专家评价法、运筹学方法、其他数学方法和混合方法。专家评价法包括专家评分法、优序法、综合评分法等，它们都依赖于专家的经验和判断，对于评价结果的主观性较强。专家评价法可以用于初步筛选和判断，但需要注意专家选择和参与的公正性和客观性。运筹学方法包括多目标决策方法、专家最优综合评价模型等，这些方法可以建立模型对评价对象进行量化和分析，得出的结果更客观和准确。但是，这些方法的建模过程较复杂，需要对数据和参数进行精确测量和处理。其他数学方法包括 AHP(层次分析法)、模糊综合评价、满意度数理统计方法、灰色评价方法等，这些方法都是在量化评价的基础上，引入一定的不确定性和模糊性，可以更好地反映实际情况。但是，这些方法也需要对数据进行一定的处理和修正，以克服数据的主观性和不确定性。混合方法包括主成分加权线性分析方法、FHW(模糊、灰色、物元空间决策系统)方法、模糊聚类分析方法等，这些方法综合了多种评价方法的优点，可以更全面地考虑评价对象的各个方面，同时也需要克服多种方法的缺点和局限。

6.5 本章小结

随着全球化和城市化进程的推进，城市交通与土地利用互动的研究逐渐成为学术界和实践领域的热点。该领域的深入研究不仅关乎城市的可持续发展，还关系到人们的出行和生活质量以及城市环境的整体状况。

城市交通与土地利用互动的研究方法一直在不断地发展和创新。传统的研究方法，如定性分析和案例研究，为我们提供了关于城市交通与土地利用的深入见解。但随着数据科学和计算技术的进步，我们现在有能力进行更精确和全面的定量分析。例如，利用大数据技术和机器学习算法，研究人员可以更准确地分析交通流模式、人口迁移趋势以及土地利用变化对交通需求的影响。数据在城市交通与土地利用研究中起着至关重要的作用。然而，目前的数据收集和处理仍然存在一些挑战。首先，数据的时效性和准确性是当前研究面临的主要问题。其次，由于各地区的数据标准和收集方法存在差异，这也为跨地域研究带来了一定的困难。城市交通与土地利用互动是一个跨学科的研究领域，涉及城市规划、交通工程、地理信息系统、经济学等多个学科。因此，跨学科的合作和交流显得尤为重要。通过跨学科的合作，研究者可以更全面地理解问题，提出更有效的解决方案。不同的地域具有其独特的交通与土地利用特点。例如，发达国家的城市交通结构和发展模式与发展中国家存在显著的差异。因此，在进行跨地域研究时，必须考虑到地域差异的影响，并提出相应的研究策略和方法。城市交通与土地利用互动研究的最终目标是为城市的规划和管理提供科学依据。因此，将研究成果应用于实际的城市规划和管理中，是评价研究价值的重要标准。未来的研究应该更加注重研究成果的实际应用，为政策制定者提供有力的决策支持。

总的来说，城市交通与土地利用互动关系的研究是一个复杂而又富有挑战性的领域。为了更好地应对未来的挑战，我们需要不断地创新研究方法，加强数据收集和处理，推动跨学科的合作与交流，以及将研究成果应用于实际的城市规划和管理中。只有这样，我们才能够更好地理解城市交通与土地利用的互动关系，为城市的可持续发展作出贡献。

第 7 章　综合应急交通管理与数字孪生技术

7.1　应急交通管理与数字孪生概述

在现代城市中，交通作为城市运行的血脉，对于任何紧急情况的响应都至关重要。而在应急交通管控领域，数字孪生技术逐渐崭露头角，成为解决交通问题的新利器。数字孪生技术的引入不仅为交通管理带来了新的视角和工具，而且在应对突发事件时显示出其独特的价值。

数字孪生，是一个实时的、可动态更新的、与实体相对应的数字模型。它是实际物体或系统的虚拟表示，能够精确模拟其运行状态、行为和性能。在交通领域，数字孪生技术通过对交通系统进行深度模拟，能够准确预测和分析各种交通情况，从而为应急交通管控提供有力支持。应急交通管控在过去主要依赖于经验和传统的管理方法，如封锁道路、限制通行等。这些方法在某些情况下可能不够高效，甚至可能引发其他问题，如交通拥堵、资源浪费等。而数字孪生技术则为这些问题提供了新的解决路径。通过实时模拟和分析，还可以更加精确地判断交通流量、预测拥堵情况，并据此制定更为智能、精准的应急行动方案。为了实现这一目标，应急交通管控采用了一系列先进的算法，如 HTN 规划和 SVM 模型。这些算法能够对复杂的交通数据进行高效处理和分析，从而为决策者提供决策支持。与此同时，数字孪生技术也利用了诸如图像识别、空间识别等先进算法，进一步提高了模拟的准确性和实用性。数字孪生技术与应急交通管控的综合应用不仅仅局限于实时的应对措施，通过对历史数据和决策案例的分析，还可以不断优化交通管理策略，提高整体的运行效能。这种数据驱动的方法为交通管理带来了前所未有的精确性和效率，有助于推动智能交通系统在应急情况下的高效管理。同时，这种整合也为研究和实践者提供了宝贵的学习和交流平台。应急交通管控的实践经验为数字孪生技术的应用提供了宝贵的使用场景和数据支持。而数字孪生技术的模拟和优化方法则为交通管理带来了新的思路和工具，促使其更好地适应不断变化的交通环境。在新冠疫情等特殊应急情境下，这种整合更加显得尤为重要。传统的交通管理方法可能在这些情况下显得力不从心，而数字孪生技术的引入为应急交通管控提供了新的思路和工具。通过对疫情影响下的交通流量、人员流动等进行深入分析，可以更加精确地制定应对策略，确保交通系统的安全稳定运行。数字孪生技术与应急交通管控的整合为城市交通管理带来了巨大的变革。它不仅提高了交通管理的效率和准确性，而且在应对各种突发事件时显示出其巨大的潜力和价值。

为解决这些问题，人们提出了一种智能决策框架，结合了层次任务网络(HTN)规划和支持向量机(SVM)模型。HTN规划为决策提供了结构化的框架。HTN规划是一种层次化的决策方法，可以将复杂的任务分解为更小、更易管理的子任务，从而使得决策过程更加清晰、有条不紊。在交通管理中，这种方法可以将整体的交通控制任务分解为各种子任务，如道路封锁、交通疏导、资源调配等，然后针对每一个子任务制定相应的策略和措施。SVM模型为决策提供了强大的数据支持。SVM是一种监督学习模型，能够识别和处理复杂的非线性关系。在交通管理中，SVM可以通过分析大量的交通数据，如交通流量、车辆速度、路况等，为决策提供科学依据。通过对这些数据的精确分析和预测，可以更准确地评估各种交通控制措施的效果，从而优化决策方案。然而，单独使用HTN规划或SVM模型可能无法完全满足复杂交通环境下的应急响应需求。因此，将两者结合起来，形成一个综合的决策框架显得尤为重要。HTN规划提供了决策的逻辑结构和流程，而SVM模型则为决策提供了数据支持和验证。通过这种综合方法，不仅可以提高决策的准确性和效率，还可以兼顾管控力度和应急保障的“最后一公里”问题，确保决策的全面性和实用性。在新冠疫情等特殊应急情境下，这种智能决策框架表现出其巨大的潜力和价值。通过模拟和分析疫情防控的应急交通场景，可以深入了解疫情对交通系统的影响，及时调整交通管理策略，确保人员的安全和健康。同时，这种框架也为未来的智能交通系统和应急交通管控提供了宝贵的经验和参考，为交通管理的持续优化和升级奠定了坚实的基础。结合HTN规划和SVM模型的智能决策框架为交通管理与应急响应提供了新的思路和工具。在数字孪生技术的支持下，这种框架不仅可以提高决策的效率和准确性，还可以为应对各种突发事件提供有力的支持和保障。随着技术的不断进步和应用场景的扩展，相信这种智能决策框架将在交通管理领域发挥越来越重要的作用。

随着经济的持续发展和科技的日益进步，汽车已经成为现代社会中不可或缺的一部分，它为人们的日常出行带来了极大的便利。然而，汽车的普及同时也带来了一系列的问题，如环境污染、交通拥堵等，这些问题直接影响着城市的可持续发展和人民的生活质量。机动车的保有量不断攀升，导致道路通行能力逐渐达到饱和。在许多大中型城市，尤其是一线和二线城市，交通拥堵已经成为常态，不仅浪费了大量的时间和资源，还对城市的环境和空气质量造成了严重的影响。此外，交通拥堵还可能导致交通事故的增加，危及人民的生命财产安全。而单纯依赖扩建道路或者限制汽车数量的措施并不能根本解决交通拥堵问题。面对这一挑战，我们需要转变思路，采取更加科学、系统的交通管理策略。现代交通管理不仅需要政策的支持，更需要依托于高新技术的应用。当前，计算机技术、电子技术、通信技术和自动控制技术等高新技术正在飞速发展，为交通管理提供了丰富的工具和手段。例如，通过智能交通系统，可以实时监控道路的交通状况，对交通流进行优化调度，减少交通拥堵；利用先进的通信技术，可以实现交通信号的智能控制，确保道路的畅通无阻；自动控制技术的应用，可以提高交通系统的响应速度，减少人为因素对交通管理的干扰。这些高新技术的综合应用为我们提供了一个全新的视角，使我们能够从系统的角度出发，对交通问题进行深入的研究。通过数据分析和模拟仿真，可以预测交通拥堵的发生和发展趋势，及时调整交通管理策略，提前应对潜在的问题。同时还可以提高交通管理的精确度和效率，降低管理成本，实现交通资源的合理配置。例如，通过大数据和人工智能技术，可以对交通流进行深入分析，找出影响交通效率的关键因素，制定有效的优化措施。总的来说，面对当前的交通管理挑战，我们需要充分利用高新技术的优势，不断创新交通管理的方法和手段，努力构建一个安全、高效、绿色的交通系统。只有这样，我们才能确保城市交通的可持续发展，提高人民的生活质量，推动城市文明的进步。

7.2　应急交通管理基本框架

应急决策是在不确定条件下，对意外事件进行精准研判并制定应急行动方案，以有效控制突发事件的决策情景。在突发事件的应急处置过程中，为了防止事件的持续扩散并顺利进行救援行动，必须对处置现场及其周边区域实施交通管控，确保救援车辆能够顺畅通行。合适的交通管控方式和切实可行的应急行动方案，能够缩短应急决策时间，提高应急救援效率。本章提出的基于 HTN 规划和 SVM 模型的应急交通管控决策模型基本的框架如图 7.1 所示。

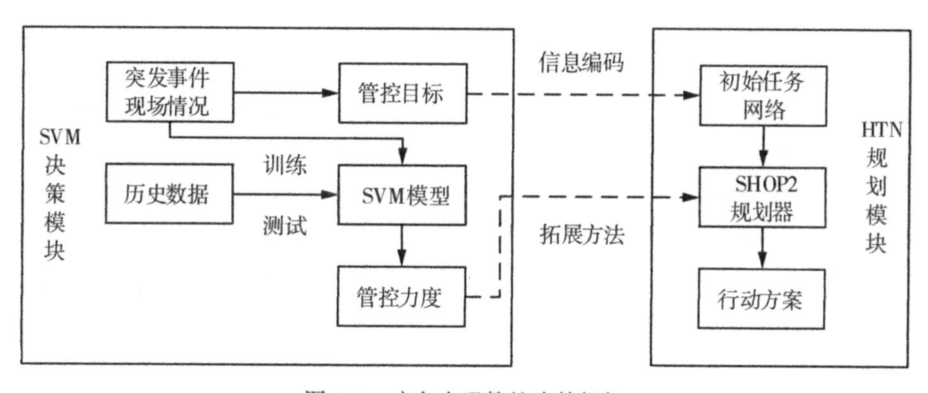

图 7.1　应急交通管控决策框架

该框架包括两个主要部分：SVM 决策模块和 HTN 规划模块。

(1)SVM 决策模块。突发事件发生后，应根据应急交通管控的特点、外部环境、资源需求等，确定此次应急处置的管控目标。将实际现场数据输入 SVM 模型中，其中 SVM 模型是通过对历史数据提取关联性较高的特征参数，经过训练、测试得到的，根据输出结果即可得到相应的应急交通管控力度。

(2)HTN 规划模块。将 SVM 决策模块生成的应急交通管控目标和管控力度输入 HTN 规划模块中，其中应急交通管控目标将被编码为初始任务网络，包括应急资源的需求任务和救援车辆的最优路径选择任务；管控力度将被编码为任务分解方法，可以把对应的任务分解至可以直接执行的管控措施。再利用 SHOP2 规划器进一步生成应急行动方案。

应急交通管控的决策过程，主要包括应急交通管控目标和方式的确定及应急行动方案的生成。通过信息编码、拓展方法，将 SVM 决策模块和 HTN 规划模块连接起来，共同组成应急交通管控决策框架，在此基础上丰富应急交通管控决策模型，进而实现突发事件应急处置的交通管控决策过程。

7.3　应急交通管控 SVM 模型

7.3.1　管控力度的响应特征

应急交通管控涉及诸多因素，包括风险等级、周边应急通道数量、应急保障优先级和人口密度以及道路的交通流量情况。根据这些因素分析历史数据，将管控力度划分为红色、橙色、黄色、蓝色四个等级，每个等级都设有相应的响应条件和管控措施，如表 7.1 所示。

表 7.1　应急交通管控方式

管控力度	响应条件	管控措施
红色	风险等级较高，周边道路多，车流量大，人口密度大	采取封闭道路或车道、中断交通等禁止性交通管制措施
橙色	风险等级较高，周边道路多，车流量较大，人口密度较大	采取尾号限行、道路禁行等限制性交通管制措施
黄色	风险等级较低，周边道路较多，车流量小，人口密度小	采取交通分流、反向交通组织等疏导性交通管制措施，
蓝色	风险等级低，周边道路少，车流量较小，人口密度较小	一般只需要采取局部的疏导性交通管制措施

从响应条件中提取出 4 个特征，分别为道路数量、人口密度、车流量、风险等级。各个特征具体内容如下：

(1)道路数量：突发事件现场的周边区域内道路总数量，包括主干道、辅路和匝道，道路数量越多，表示现场及周边越重要。

(2)人口密度：突发事件后果的扩散与人口密度有着一定的关系，同时人口密度也影响着现场周边区域的管控，人口密度为该区域常住人口数量与区域面积的比值。

(3)车流量：现场周边区域内所有道路的车流量信息以及车流量的大小也影响突发事件后果的扩散，车流量大代表着流动性大，扩散风险也就更大，进而影响交通管控的方式。

(4)风险等级：突发事件等级分为低、中、高，1 代表低风险、2 代表中风险、3 代表高风险，风险等级由政府部门及相关组织确定。

上述四个特征构成了选择管控力度的四个维度，使得应急交通管控决策可被视为一个基于四维数据的多分类问题。

7.3.2　管控力度的多分类问题

多分类问题的描述如下：给定含 N 个样本的训练集 $X=\{(x_1, y_1), (x_2, y_2), ..., (x_N, y_N)\}$，找到决策函数 $y=f(x)$ 用于预测新数据的类别，其中，K 维特征向量 $x_{n_1} \in R^K$；类标签 $y_{n_1} \in \{1, 2, \cdots, M\}$；$n=1, 2, \cdots, N$。通常解决多分类问题的思路是“拆解法”，即将多分类问题拆分为多个二分类问题，然后为每个二分类问题训练一个分类器，预测时对每个分类器的结果进行集成，即可得到多分类结果。

根据以上思路，解决关于管控力度选择的多分类问题只需要找到合适的拆分策略以及二分类方法。经典的拆分策略有以下 3 种：

(1)“一对一”：是指在任意两类样本之间设计一个分类器，因此包含 K 类样本的训练集需要设计 $K(K-1)/2$ 个分类器，当预测一个未知样本的类别时，最终的预测结果通过投票产生，即被预测得最多的类别作为最终分类结果。

(2)“一对多”：是指依次将某个类的样本作为正样本，其他类别的样本作为负样本，此时 K 个样本需训练出 K 个分类器，预测时选择置信度最大的类别标记作为分类结果。

(3)“多对多”：是指每次将若干个类作为正类，若干个其他类作为反类，常用的技术是纠错输出码，在预测时将预测标记与各个类别的编码进行比较，返回距离最小的类别作为预测结果。

在上述 3 种方法中，“一对一”策略的训练时间少，虽然在类别较多时，会因为分类器个数较大导致存储开销和测试时间较大，但是本章管控力度的选择是一个

4 分类问题，总分类器的个数是 6 个，代价较小；“一对多”策略在类别较少时，存储开销和测试时间少，但是训练集的正、反类比例存在偏置；“多对多”策略的正、反类构造需要特殊设计，不同的拆解方式会导致模型具有不同的效果。经对比分析，“一对一”拆分策略适合解决本章管控力度选择的多分类问题。

7.3.3　管控力度的 SVM 模型

SVM 模型是一种基于统计学习理论和结构风险最小化准则的数据分类的分析模型。统计学习理论避免模型受训练集大小的影响，结构风险最小化准则避免模型的过拟合问题，同时 SVM 的学习问题可以表示为凸优化问题，能保证找到全局最优解而非局部最优解。由于 SVM 有较强的数学基础和理论支撑，已经在机器学习、模式识别、计算机视觉、工业工程应用等领域得到广泛应用。SVM 作为一种优秀的二分类模型，也可以通过拆分策略扩展到多分类，其中 LibSVM 中的多分类方法也包括“一对一”拆分策略。

SVM 二分类模型的基本思想是求解能够正确划分样本空间并且几何间隔最大的分离超平面，如式(7-1)所示。

$$J(w,\ \zeta) = \min\left(\frac{w^{\mathrm{T}}w + C\sum_{i=1}^{n_2}\zeta_i}{2}\right) \tag{7-1}$$

$$\text{s. t.}\quad y_i(w^{\mathrm{T}}\phi(x) + b) \geqslant 1 - \zeta_i,\ \zeta_i \geqslant 0 \tag{7-2}$$

式中，$w \in R^K$，$b \in R^K$；$x = \{x_i\}$ 为样本向量，$i = 1,\ 2,\ \cdots,\ n$；$y \in \{-1,\ 1\}^{n_2}$ 为类别向量；$w^{\mathrm{T}}\phi(x) + b$ 为超平面；函数 ϕ 表示将样本向量隐式映射到更高的维空间中；C 为控制当样本被错误分类时惩罚的强度；ζ_i 为超平面不能使样本数据完全分离时样本距离其正确边界的距离。找到合适的 w 和 b 使 s. t. $y_i(w^{\mathrm{T}}\phi(x) + b)$ 给出的预测对于大多数样本是正确的，即找到最好的划分超平面，同时可以将此问题转化为找到样本空间里的最大间隔。

在约束最优化问题中，通常利用拉格朗日对偶性将原始问题转换成对偶问题，通过解对偶问题来得到原始问题的解。SVM 原始问题式(7-1) 的对偶问题为式(7-3)

$$L(\alpha) = \min\frac{(\alpha^{\mathrm{T}}Q\alpha)}{2} - \mathrm{e}^{\mathrm{T}}\alpha \tag{7-3}$$

$$\text{s. t.}\quad y^{\mathrm{T}}\alpha = 0,\ 0 \leqslant \alpha_i \leqslant C \tag{7-4}$$

式中，α_i 为对偶系数，以 C 为上界；e 为 1 的向量；Q 为一个 $n_3 \times n_3$ 阶正定矩阵；$Q_{ij} \equiv y_i y_j K(x_i,\ x_j)$，$K(x_i,\ x_j) = \phi\ (x_i)\ ^{\mathrm{T}}\phi(x_j)$ 为核函数；$i = 1,\ 2,\ \cdots,\ n$；$j = 1,\ 2,\ \cdots,\ n$。

拉格朗日乘子法是一种寻找多元函数在一组约束下的极值的方法。通过引入拉格朗日乘子，可将有 d 个变量与 k 个约束条件的最优化问题转化为具有 $d+k$ 个变量的无约束优化问题求解。通过拉格朗日乘子法即可得到模型：

$$L(\alpha) = \sum_{i=1}^{n} y_i \alpha_i K(x_i, x_j) + b \tag{7-5}$$

综上所述，可将 SVM 二分类模型结合“一对一”拆分策略应用到应急交通管控问题中，解决管控力度选择的多分类问题，进而提高突发事件应急处置的管控能力和智能化水平。

7.4 应急交通管控 HTN 规划

7.4.1 HTN 规划问题描述

应急交通管控的 HTN 规划问题描述为 4 元组：$P=(S_0, T, D)$，其中 S_0 是问题的初始状态，T 是初始任务网络，HTN 的规划领域 $D=(O, M)$，O 是动作集合，M 是方法集合。

1. 初始状态 S_0

初始状态 S_0 不仅需要描述应急交通管控的初始情景，还需要描述初始的应急资源分布情况。初始情景由一系列用谓词逻辑表述的状态组成。应急资源则包括可重用性资源和消耗性资源。可重用性资源是应急处置后可以回收的资源，如交通工具，表示为 $R\_1=\{R\_id, R\_type, R\_loc, R\_res\}$，其中，$R$_id 表示消耗性资源序号，$R$_type表示资源类型,$R$_loc 表示资源位置变化,$R$_res 表示该资源与其他资源的关联信息。消耗性资源是应急处置中不断消耗的资源，如食品、药品，表示为 $R\_2=\{R\_id, R\_type, R\_loc\}$，其中，$R$_id 表示可重用性资源序号，$R$_type 表示资源类型，$R$_loc 表示资源位置变化。

2. 初始任务网络 T

初始任务网络 $T=(t_1, t_2, \cdots, t_i)$，包括多个子任务，例如应急救援任务，这些子任务将逐步分解直至全部为原子任务，从而形成完整的规划方案。$t_i=(t_i\_id, t_i\_type, t_i\_start, t_i\_end, t_i\_description)$，其中，$t_i$_id 表示任务名称，$t_i$_type 表示任务类型，$t_i$_start和 t_i_end 表示任务的起止时间，t_i_description 表示任务的描述信息。

3. 规划领域 D

规划领域 $D=(O, M)$，$O=\{o_1, o_2, \cdots, o_j\}$ 是动作集合，如 o_1(transport, r_1, start, end, loc_from, loc_to)，transport 表示 o_1 是运输动作，r_1 表示执行该动作所

需要的交通工具，start 表示该动作的开始时间，end 表示该动作的结束时间，loc_from 表示该动作执行前交通工具所在地点，loc_to 表示该动作执行后交通工具所在地点。$M = \{m_1, m_2, \cdots, m_k\}$ 是方法集合，使用方法可将复杂的任务分解至原子任务，如 m_1（rescue，（t_control，r_need，r_handle））表示将 rescue 应急救援任务分解为 t_control、r_need、r_handle3 个子任务，t_control 表示交通管控，r_need 表示资源分析，r_handle 表示资源处置。

7.4.2　OTD 算法

SHOP2 是使用有序任务分解算法（OTD）求解 HTN 规划的规划器。OTD 算法的基本原理是按任务网络中子任务的先后顺序进行依次分解，其分解过程基于当前系统的状态，为后续任务分解和规划生成提供准确的系统状态信息，减少规划生成中的不确定信息，提高求解效率。

将 SHOP2 规划器应用于应急交通管控 HTN 规划，其部分 OTD 算法流程如图 7.2 所示，在将初始任务应急救援分解为交通管控、资源分析、资源处置 3 个子任务后，先分解交通管控子任务得到管控力度和管控措施两个子任务；再依次分解资源分析、资源处置两个子任务；最终通过回溯得到完整的应急行动方案。

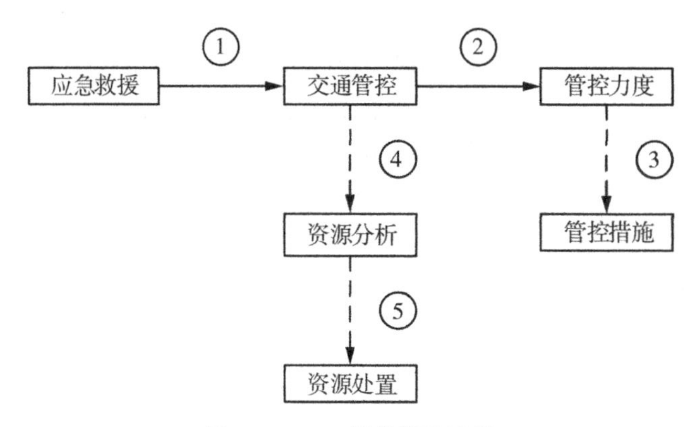

图 7.2　OTD 部分算法流程

7.4.3　HTN 规划流程

在使用基于 HTN 规划的任务分解方法分解交通管控子任务得到管控力度的过程中，需要判断各影响因素是否在红、橙、黄、蓝 4 个管控力度的取值范围内。在这种方法中，由于各管控力度的取值范围很难界定，会导致管控力度的选择不准确，从而影响应急处置效率。

在 7.2 节中，经过分析发现可以将管控力度的选择问题看作多分类问题，并通过 SVM 模型得到解决。因此，本节基于 OTD 算法，并结合 SVM 模型的分类结果，扩展 HTN 规划的任务分解方法，从而形成应急交通管控的 HTN 规划算法。

当突发事件应急处置需要交通管控时，根据历史经验和相关数据，利用 SVM 模型识别出合理的管控力度，规划器进一步根据该问题的初始任务和应急资源需求调用任务分解方法，生成应急行动方案。其算法流程如图 7.3 所示。

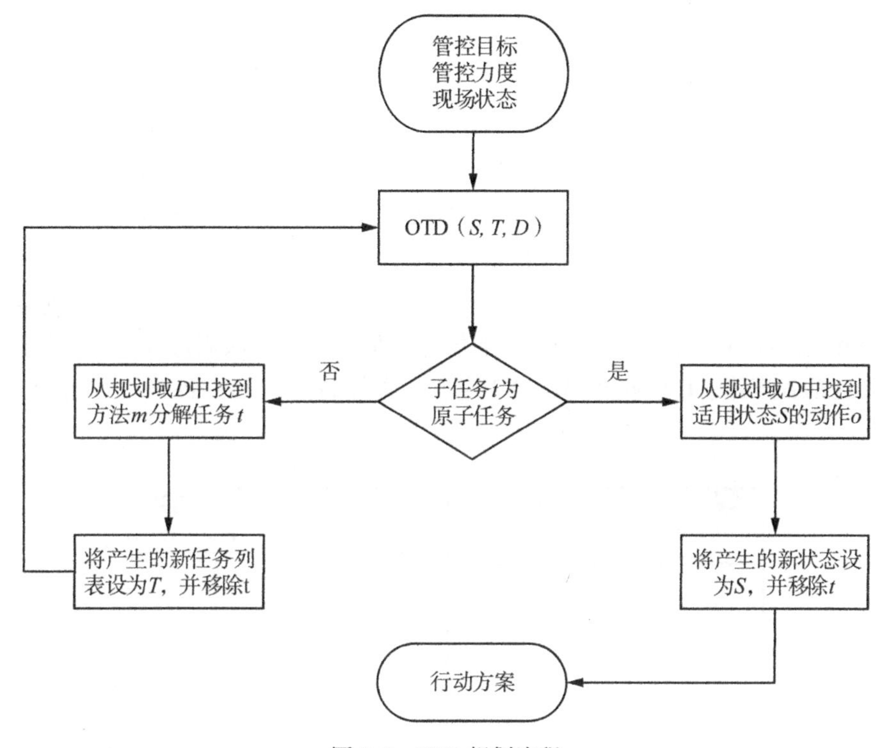

图 7.3 HTN 规划流程

基于应急交通管控的 HTN 规划算法流程主要包括以下 4 个步骤：

步骤 1：利用交通管控目标来确定 HTN 规划的初始任务网络并利用从 SVM 模块得到的管控力度扩展方法集，然后开始执行 OTD（S，T，D），对任务列表 T 进行判断，若为空列表，则生成行动方案，同时跳转到步骤 4；否则继续执行步骤 2。

步骤 2：从任务列表 T 选择第一个任务 t，如果 t 是原子任务，则在领域 D 中找到适用于当前状态 S 的动作 o；若存在动作 o，则将当前状态 S 替换为执行 o 后的状态，将任务列表 T 替换为删除任务 t 后的新列表，然后将操作 o 加入行动方案中，同时返回 OTD(S，T，D)；若不存在操作 o，则返回失败。如果 t 不是原子任务，则继续执行步骤 3。

步骤3：从 $D=(O,\ M)$ 中找到方法 m 分解任务 t，并将产生的新任务列表设为 T，删除任务 t 后，返回 OTD$(S,\ T,\ D)$，直至任务列表 T 中的任务全部被分解为原子任务。

步骤4：按照算法依次进行规划，返回行动方案，即为所求应急行动规划；若在规划过程中，没有从 $D=(O,\ M)$ 找到合适的操作 o 和方法 m，则算法返回失败结果。

7.5 算例分析

7.5.1 算例简介

2020 年新冠疫情期间，武汉市建立疫情防控机制，进行小区封控管理，通过设立指定通道实行“点对点”调运，以确保蔬菜等急需农产品和物资调运畅通。为了验证基于 HTN 和 SVM 的应急交通管控决策模型的可行性，本例以新冠疫情防控为实验背景，假设某地区出现新冠肺炎感染病例，通过该模型实现应急交通管控方式选择和应急物资保障“最后一公里”的供应。某地区 A 小区周边地理信息如图 7.4 所示，包括各道路、C 医院和 B1、B2 应急物资储备点。其中各路段距离如表 7.2 所示。

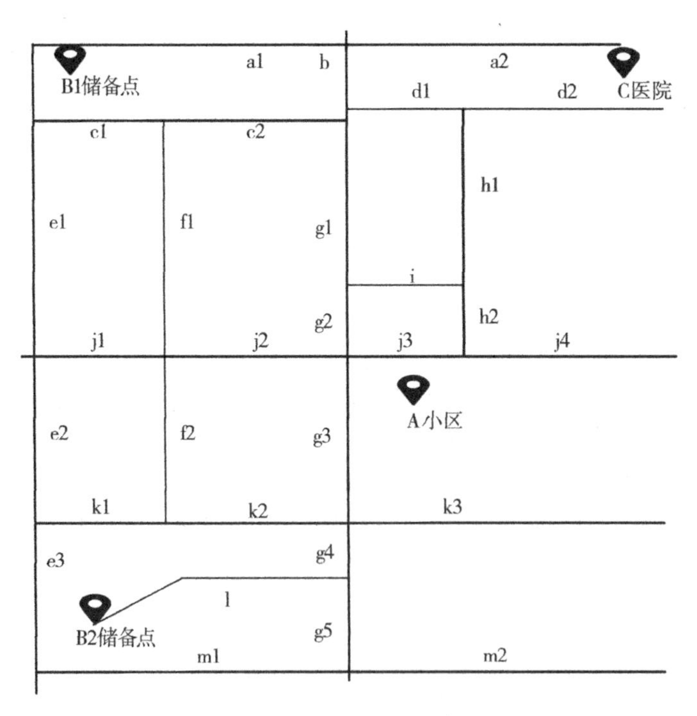

图 7.4　小区周边地理信息

表 7.2 小区周边各路段信息

道路名称	道路距离(km)	道路名称	道路距离(km)
a1	25	f2	20
a2	30	i	15
b	15	g3	20
c1	10	g4	5
c2	20	g5	10
d2	20	l	25
f1	25	h	26

7.5.2 SVM 模型训练

在建立完整的应急交通管控决策模型之前，需要根据交通管控历史数据训练 SVM 模型，以解决交通管控多分类问题。

根据各省市新冠疫情工作指挥部发出的工作通告，获取该地区新冠疫情的风险等级和交通管控措施；并通过管控措施确定管控力度，同时根据各省市政府数据开放平台提供的相关数据，获取与通告时间相对应的该地区内人口密度、道路数量、车流量日统计数据，共选取样本数据 40 个，按 8 : 2 的比例分为训练集和验证集。由于 4 个特征的性质不同，具有不同的量纲和数量级，人口密度和车流量之间的水平也相差较大。而 SVM 模型需要计算距离，如果直接使用原始数据，可能会突出数值较高的特征在分类中的作用，因此，需要对原始数据做标准化处理来保证结果的可靠性。使用 Z-Score 标准化对数据训练集数据标准化，数据预处理之后，需要进行 SVM 核函数的选择、惩罚系数 C 和核函数系数的确定。案例使用 Python 语言和 sklearn 框架进行编程，采用"一对一"的拆分策略和 RBF 核函数。经过多次实验，惩罚系数 C 设置为 1，核函数系数设置为 0.25，最终 SVM 模型的准确率为 92.5%，可以使用该模型来确定应急交通管控中的管控力度。表 7.3 为验证集的相关信息。

表7.3　验证集数据

序号	地区	道路数量（条）	人口密度（万人/km^2）	车流量（万辆/日）	风险等级	管控力度
1	武汉某区	10	1.9	130	3	红色
2	北京某区	9	2.4	140	3	黄色
3	沈阳某区	12	0.2	20	2	橙色
4	广州某区	11	3.0	100	1	蓝色
5	扬州某区	9	0.7	22	3	红色
6	深圳某区	10	0.6	120	2	橙色
7	郑州某区	10	0.3	70	1	蓝色
8	上海某区	11	1.1	67	2	黄色

数据来源：各省市疫情防控指挥部、各省市政府数据开放平台。

7.5.3　算例结果及分析

若A小区内新冠确诊病例增加，风险等级从中风险被上调至高风险，该小区及周边区域的道路数量、人口密度、车流量、风险等级数分别为10、1、100、3。经相关部门统计，现需要调配指定车辆紧急配送应急资源，包括口罩、防护服、食品药品、医护人员。为此，疫情防控指挥部决定对该小区及周边区域实施交通管控，保障应急资源配送，并制定具体的应急行动方案。

根据本章提出的应急交通管控决策模型，将该管控目标输入HTN规划中，同时将A小区样本数据与训练集数据的均值、标准差做标准化处理，输入训练完毕的SVM模型中，最终得到红色等级管控力度和如表7.4所示的应急行动方案。

即当A小区风险等级发生变化后，为保障应急行动的顺利展开，应对A小区及周边区域进行红色管控，执行相应的管控措施。其中对应的管控措施为交通管控期间，应急物资调运车辆需在指定道路上“点对点”通行，各车辆只能从应急物资储备点或医院往返A小区；普通车辆在主干道和支路的速度分别为40km/h、30km/h，救护车在主干道和支路的速度分别为50km/h、40km/h；每条道路路口设置交通管控卡口，各卡口的通行证检查时间为5min。具体的应急救援物资“最后一公里”配送行动按照表7.4中的应急行动方案有序进行。

表 7.4 应急行动方案

行动序号	车辆编号	行动路径	行动状态	起止时间
1	Car1	B1—B1	ready	0:00—0:30
2	Car1	e2—j1	transport	0:30—1:08
3	Car1	j1—j1	check	1:08—1:13
4	Car1	j1—j2	transport	1:13—1:28
5	Car1	j2—j2	check	1:28—1:33
6	Car1	j2—A	transport	1:33—2:03
7	Car2	B2—B2	ready	0:00—0:30
8	Car2	l—g4	transport	0:30—1:08
9	Car2	g4—g4	check	1:08—1:13
10	Car2	g4—g3	transport	1:13—1:21
11	Car2	g3—g3	check	1:21—1:26
12	Car2	g3—A	transport	1:26—1:56
13	Car3	C—C	ready	0:00—0:30
14	Car3	d2—h1	transport	0:30—1:00
15	Car3	h1—h1	check	1:00—1:05
16	Car3	h1—i	transport	1:05—1:23
17	Car3	i—i	check	1:23—1:28
18	Car3	i—g2	transport	1:28—1:46
19	Car3	g2—g2	check	1:46—1:51
20	Car3	g2—A	transport	1:51—2:04

以已完成行动的个数与总行动个数的比值做救援任务完成度，则应急行动方案的救援时间和救援任务完成度如图 7.5 所示。

经对比分析发现，没有智能化选择交通管控方式的行动方案需要 137.5min，而执行通过本章提出的应急交通管控模型产生的行动方案需要 124min，使应急救援行动效率提高 10%。该实验结果证明选择合理的交通管控方式，可以有效地完成突发事件中的应急处置工作，从而保证救援行动顺利进行。

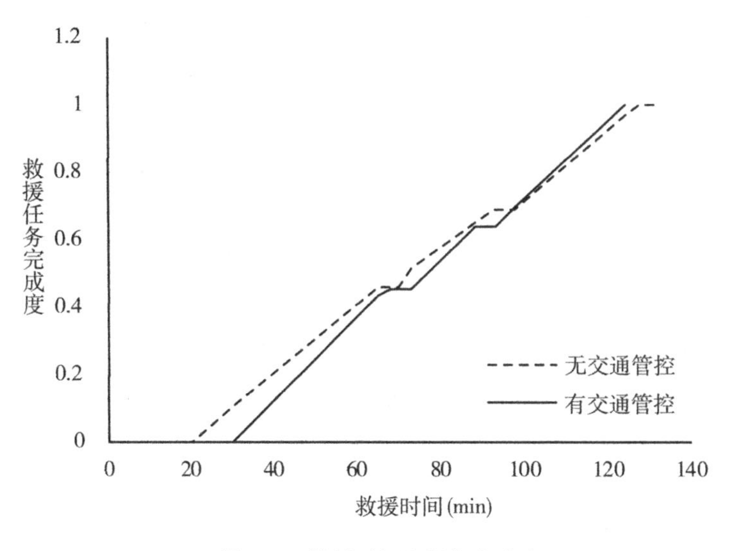

图7.5　救援时间和任务完成度

7.6　数字孪生技术相关工作

车载终端设备最早源于德国的汽车行驶记录仪。在开发初期，它的主要目标是为了监控和记录车辆的驾驶行为，特别是那些可能涉及非法或危险驾驶的情况。这种数字记录仪为监管部门提供了有效手段，确保驾驶员遵守交通规则和安全准则。这种技术很快在亚洲的一些国家得到了广泛应用，为监管和安全提供了一个简单而高效的解决方案。英国进一步推动了这一趋势，他们不仅规定新生产的汽车必须配备数字式的车载终端以替代过时的设备，而且还鼓励现有的车辆进行更新和升级。这种强制性的政策措施在欧洲和美国的部分地区也得到了应用。这不仅促进了技术的进步，而且极大地提高了道路交通的安全水平。然而，仅仅依靠记录和监控功能还远远不够。随着全球定位系统(GPS)技术的快速发展，车辆定位和导航功能开始进入人们的视野，为驾驶员提供了一个全新的工具，使他们能够更加高效和准确地规划路线、避开拥堵，同时确保行驶的安全。随着这项技术的不断完善和应用，许多发达国家开始将其视为国家战略的一部分，大力支持和投资相关的研究和开发。在这个过程中，车载终端技术从一个简单的记录和监控工具，逐渐演变为一个集导航、通信、安全预警和娱乐功能于一体的综合系统。通过与其他高级技术，如无人驾驶、智能交通系统等的结合，车载终端技术为未来的交通出行提供了无限的可能性。总的来说，车载终端技术的发展历程不仅反映了技术自身的进步，也展现了人们对于安全、便利和效率的追求。在未来，随着技术的进一步发展和应用，汽车终端将继续发挥其核心作用，为全球的交通出行带来更加安全、高效和便捷的体验。

目前，美国的 TravTek 系统已经在多个地区得到了广泛的部署和应用。这个系统的设计理念是为了提供一个高度集成的导航和信息服务，旨在为驾驶员提供最实时、最准确的交通信息。此外，TravTek 还融合了多种先进技术，如实时交通流量监测、事故报告和路线建议，为驾驶员提供了一个全方位的驾驶助手。德国的 Ali-Scout 系统也是一个不容忽视的技术成果。作为汽车工业的重要参与者，德国在导航技术研究和应用方面一直处于行业前列。Ali-Scout 系统的独特之处在于其高度的定制化和用户友好性。该系统为驾驶员提供了一系列的个性化设置，如偏好路线、避免特定区域等，从而确保每一次驾驶都是高效和愉悦的体验。日本的导航系统同样具有其独特性和优势。日本的技术研究一直以其创新性和实用性而著称，日本的导航系统不仅具备高度的精度和准确性，还加入了许多本地化的功能，如实时天气更新、停车场信息和周边景点推荐等，为驾驶员提供了一个全面而详细的导航体验。除此之外，许多汽车制造商和研究机构也在积极探索与研发新的技术和解决方案。例如，美国的 Onstar 系统是一个提供紧急援助和远程控制的平台，它不仅可以追踪车辆的位置，还可以在紧急情况下提供及时的救援服务。而福特公司和宝马公司也各自推出了 Synchronization 和"智能驾驶系统"，这些系统集成了多种高级功能，如语音控制、手势识别和自动停车等，为驾驶员提供了一个更加便捷和安全的驾驶环境。德国比勒费尔德大学的 Christoph Hermes 和 Franz Kummert 以及戴姆勒公司的 Christian Wahlert 和 Konrad Schenkt 的研究也为该领域的发展做出了重要贡献，他们提出的路线和轨迹预测算法为未来的交通管理和规划提供了有力的工具。通过对城市交通的深入研究和分析，他们能够更加准确地预测和模拟不同情境下的交通状况，为决策者提供了科学的依据和建议。

基于车辆定位和导航系统的关键技术，英国和美国的研究人员在 20 世纪 60 年代和 70 年代开始研究地图匹配计算。基于权重模型和概率统计的地图匹配算法尤为盛行。本章提出了一种几何匹配算法，包括点对点、点对曲线和曲线对曲线的匹配。作为最基本的算法，其他许多地图匹配算法都是由它衍生出来的。本章对椭圆误差区域进行改进，设计了一个矩形区域，在车辆频繁变道和停车时有较好的匹配效果，如在已知路网几何特征的基础上，增加了车辆行驶方向和距离两个参数的加权计算，权重系数可以自由调整，以获得高精度的匹配效果。目前研究又增加了两个新的权重参数，即转弯限制和连通性，改进后的算法匹配精度可以达 97%左右。在引入权重原理的基础上，将三维空间中运动物体的轨迹序列（x，y，t）与电子地图的路网进行匹配。实验表明，该算法的精度在 94%以上。该研究改进了模糊逻辑地图匹配算法，采用了模糊逻辑规则和交通路网信息优化算法，匹配效果良好，但算法实现较为复杂。因此，本章提出了一种基于累积权重的隐马尔可夫模型地图匹配算法。其计算方法是基于逐点分段权重的线性积分，而不是传统的各点最短距离权重。经过数据测试，与传统方法相比，匹配精度明显提高。本章进一步提出了一种低采样率的数据地图匹配算法，通过前瞻技术减少了路段的遗漏，进而提高了匹配精度。本章还介绍了一种针对低采样率 GPS 数据的改进算法，利用两点之间的瞬时速度来估计车辆的距离，认为道路状态信息与当时的车辆速度有关。实验证明，该算法具有较高的准确性。

7.7　基于数字孪生技术的智能交通识别算法

通过点云算法可以准确识别交通状况、车辆和行人。三维激光扫描设备获取的是物体表面的三维坐标。与网格模型数据不同，点云缺乏几何拓扑信息，导致数据检索和管理效率很低，建立点云的拓扑关系对点云数据处理非常重要。八叉树算法常用于点云空间结构的管理，该算法实现简单，且邻域搜索速度快。

通过八叉树算法对点云数据进行划分和存储，可以建立点云数据的几何拓扑关系。图 7.6 显示了八叉树的划分过程，沿点云数据边界盒 X、Y、Z 三个方向进行平均划分，将边界盒划分为 8 个子立方体，每个子立方体还可以继续划分，直到满足判别条件时停止划分操作。此外，每个立方体代表八叉树结构中的一个节点。边界盒是八叉树的根节点，分割后生成的子立方体是该节点的子节点，而该节点是子节点的父节点。八叉树划分算法的实现较为简单，其算法流程如下：

步骤 1：设置八叉树分区的停止条件，设定子节点的最小点云 $N_{\min}$ 和八叉树单元的最大深度。

步骤 2：计算点云数据的边界盒大小，并建立八叉树的根节点。

步骤 3：根据坐标值将点云分配给相应的子节点立方体。

步骤 4：判断节点的数量，如果节点中的点的数量是 $N > N_{\min}$，并且八叉树没有达到最大深度，那么细分该节点，将所有的点分配到相应的子节点。

步骤 5：重复步骤 4，当节点的点数为 $N < N_{\min}$，或者节点达到八叉树的最大深度时，算法停止细分，完成八叉树的划分。

当点云被划分为八叉树时，八叉树节点被编码为该节点的识别码。为了便于理解，用八叉树来表示：

$$\text{Code} = c_{n-1}\, c_{n-2} \cdots c_m \cdots c_1 \tag{7-6}$$

其中，n 代表八叉树划分的层数，式(7-6) 可以对每个节点进行唯一编码。对于空间中的任意一点，可以得到该点所在的子节点的空间索引值$(i,\ j,\ k)$，空间索引值可以转换为二进制：

$$\begin{cases} i = i_{n-1}2^{n-1} + i_{n-2}2^{n-2} + \cdots + i_m 2^m + \cdots + i_0 2^0 \\ j = j_{n-1}2^{n-1} + j_{n-2}2^{n-2} + \cdots + j_m 2^m + \cdots + j_0 2^0 \\ k = k_{n-1}2^{n-1} + k_{n-2}2^{n-2} + \cdots + k_m 2^m + \cdots + k_0 2^0 \end{cases} \tag{7-7}$$

式中，i_m，j_m，$k_m \in \{0, 1\}$，可以确定任何一层的节点数：

$$c_m = i_m + j_m 2^1 + k_m 2^2 \tag{7-8}$$

当式(7-8)被代入式(7-6)时，可以得到空间任何一点的八叉树代码，否则，可以通过节点代码查询到节点的空间索引值。

在将分散的点云数据建立八叉树结构后，可以对点坐标相邻节点的数据点进行遍历以确定 K 邻域。为了保证 K 领域的准确性，防止边界点的模糊性，有必要对节点相邻的矩形平行四边形进行遍历和搜索。此外，每个节点有 26 个直接相邻的节点，需要在 27 个节点中搜索 K 邻域。若搜索到的点不符合 K 点，则将搜索范围扩大一级；若仍不能找到 K 邻域，则将该点被视为异常点。

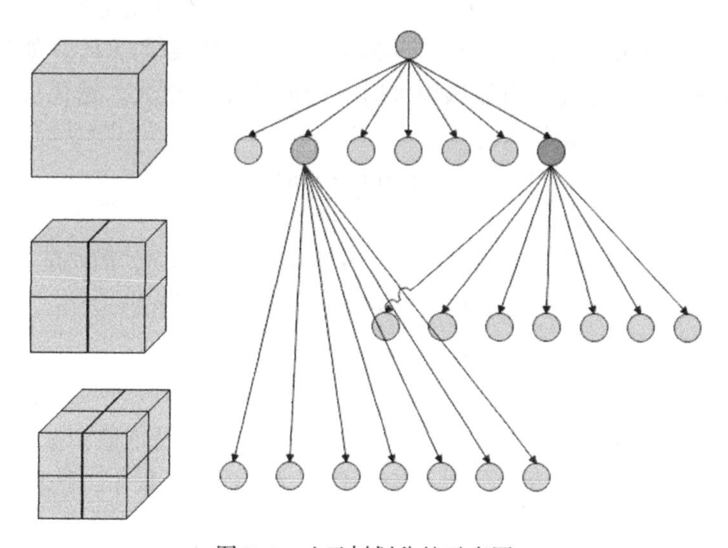

图 7.6　八叉树划分的示意图

通过对离散点云数据进行八叉树划分，构建了点云数据的几何拓扑信息，为后续点云数据的查询和遍历提供了基础。

在使用三维激光设备进行扫描测量时，环境中的灰尘等小颗粒和扫描支撑部件(如地面、支撑架等)可能与零件点云数据混在一起，形成背景噪声数据和异常点。被测物体的表面质量等因素也可能造成测量误差，例如，表面的不平整和低粗糙度会导致部分反射率的变化，进而导致扫描仪获取的点云数据与实际物体之间存在误差，形成噪声数据。噪声数据会影响特征拟合的准确性，降低点云数据的注册精度，增加计算误差，并降低误差分析结果的可靠性。

点云数据去噪的关键在于准确识别噪声数据，通常可以通过特征来区分正确的点云数据和异常的噪声数据。本章通过分析这些特征来实现对噪声数据的识别。远离主体点云数据的大尺度噪声数据(如背景噪声数据)具有明显的特征。本章采用交互式方法直接选择和删除这些噪声数据。少量噪声数据与真实的点云数据混合在一起，使得使用交互式方式删除它们变得不方便，此类噪声数据是点云去噪处理的重点。本章采用基于 Z-score 数学模型的噪声识别算法，通过分析点和其邻域之间的关系来识别噪声点。

为了消除邻域中可能存在的异常点，本章首先检查 P 的邻域，选择一个由 $h(h=k/2)$ 点组成的连续点集 $p_h=\{p_i,\ i=1,\ \cdots,\ h\}$，作为 P_i 邻域的替代子集，并根据邻域替代子集区分噪声数据。

图 7.7 所示是选择连续点集 P 的示意图。在邻域中随机选择三个点来获得一个平面，并计算邻域点到平面的距离，然后选择距离最小的 h 个点作为平面上的连续点。用于确定平面的点是随机选择的，为了确保所选的连续点是最佳点集，要进行多次迭代以确定最佳平面，并将相应的连续点作为最佳连续点 P_h。如果进行穷举选择，则需要进行 C_k^3 迭代。当邻域很大时，时间成本也很大。迭代次数的理论值取决于选择正确平面的概率 Pro：

$$I_t=\frac{\log(1-\text{pro})}{\log(1-\epsilon^k)} \tag{7-9}$$

式(7-9)中，ϵ 表示邻域中异常点的比率。在本书中，$\epsilon=0.5$，而 I_t 是迭代次数。采用主成分分析的方法来确定 P_h，以及构建 P_h 的协方差矩阵：

$$C_h=\frac{1}{h}\sum_{i=1}^{h}\{(p_i-\overline{p_h})(p_i-\overline{p_h})^{\mathrm{T}}\} \tag{7-10}$$

其中，$\overline{P_k}$ 是 K 领域的重心，对 C_h 进行奇异值分解，得到特征值，选取最小的特征值 λ_0，作为 P_h 的质量评价依据。从所有迭代产生的连续点集中，选取最小的 λ_0 的点集作为最佳连续点集。

为获得最佳连续子集 $P_h=\{P_i,\ i=1,\ \cdots,\ h\}$，采用改进的 Z-score 方法来识别噪声点。传统的 Z-score 模型表示为：

$$z_i=\frac{|P_i-\overline{P}|}{\text{std}(P_h)} \tag{7-11}$$

式中，$\overline{P}$ 是点集 P 的重心，$\text{std}(P_h)$ 代表点集分布的标准差，Z-score 可以真实反映点 P 在点集中的相对位置。在原来的 Z-score 模型中，异常数据会对点集的平均值和标准差产生较大影响，从而降低模型的准确性。因此，本章使用中位绝对偏差(MAD)来替代标准偏差：

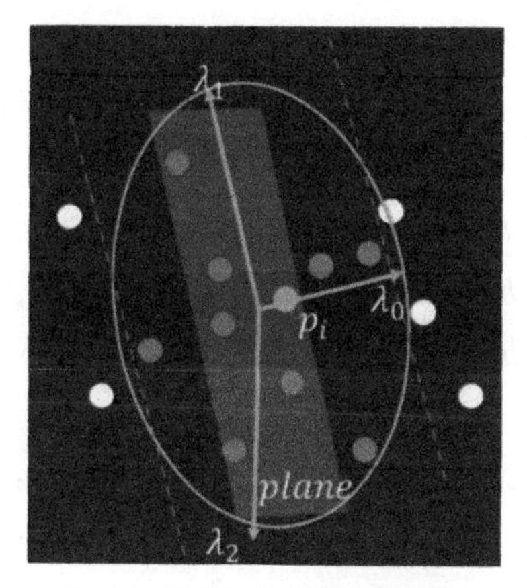

(a) 选择平面并确定连续点集

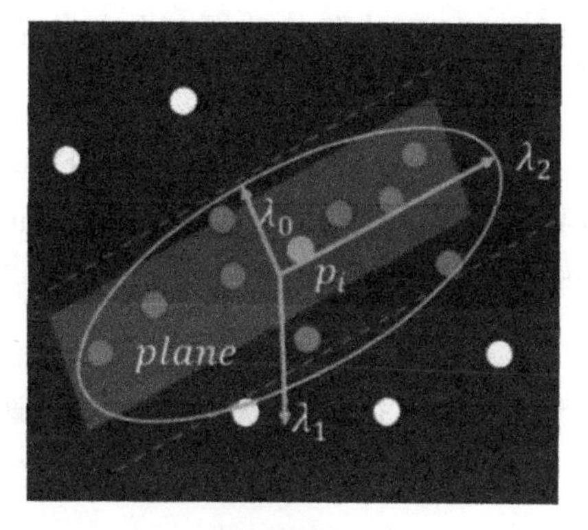

(b) 迭代I_t次数

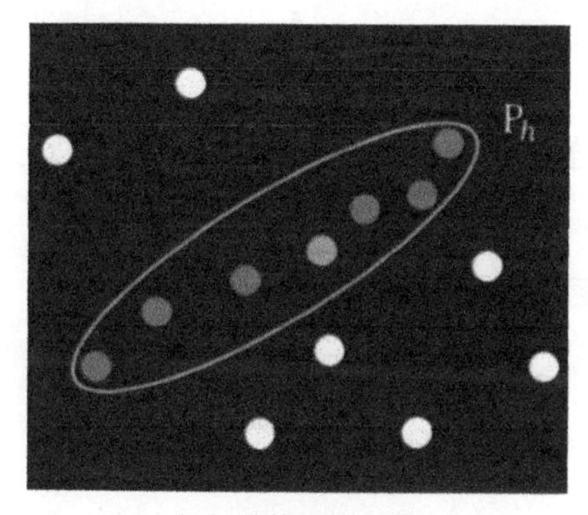

(c) 最佳连续点集

图 7.7 最佳连续点集选择示意图

$$\text{MAD} = \theta \cdot \text{median}(| p_i - \text{median}|p_h) , \quad i = 1, \cdots, h \tag{7-12}$$

式中，$\theta = 1.4826$ 被定义为误差加权系数。误差权重系数的值对应于正态分布的绝对中位差。中位数(*) 代表了中位值的操作，对 Z-score 模型进行了改进：

$$R z_i = \frac{|p_i - \text{median}(P_h)|}{\text{MAD}} \tag{7-13}$$

式中，R_{Zi}代表噪声点的判别标准，它表示该点与最佳连续点集之间的距离。通过调整阈值，可以控制算法对噪声的敏感程度。如果阈值设置过小，则正常数据会被错误地识别为噪声数据；如果阈值设置过大，则会导致噪声识别不完全。因此，本章将阈值设置为 2.5，该数值是噪声识别的合理阈值，大于该阈值的点被视为噪声点。

噪声数据识别的具体算法流程如下：

步骤1：输入 P_i 和 K 个邻域 P_k。

步骤2：在 P_g 中随机选择三个点来确定一个平面，计算 P 的所有点与平面之间的距离，并对距离进行排序：

$$|\mathrm{distance}(1)| \leqslant \cdots \leqslant |\mathrm{distance}(h)| \leqslant \cdots \leqslant |\mathrm{distance}(k)| \tag{7-14}$$

步骤3：选择距离小于或等于 $|\mathrm{distance}(h)|$ 的点，形成最佳连续子集 P_h。

步骤4：构建 P_h 的协方差矩阵 C_h，并进行奇异值分解，以获得最小的特征值 λ_0。

步骤5：重复执行步骤2～4，并迭代 I_t，以选择最佳的连续点集：$\lambda^* = \min\{\lambda_i, i=1, \cdots, h\} \lambda^*$，所对应的连续点集是最佳连续点集，并计算出点集的重心：

$$\overline{p_h} = \frac{1}{h}\sum_{i=1}^{h} p_i \tag{7-15}$$

步骤6：计算最佳连续点集中的所有点到平面的距离，其中 $\overrightarrow{n_h}$ 是平面法向量：

$$D(p_i) = (p_i - \overline{p_h}) \cdot \overrightarrow{n_h} \tag{7-16}$$

步骤7：计算改进后的Z-score值：

$$R_{zi} = \frac{|D(p_i) - \mathrm{median}(D(p_h))|}{\mathrm{MAD}} \tag{7-17}$$

步骤8：如果 $R_{zi} > 2.5$，则判断该点为噪声点。

步骤9：对点云数据的所有点进行上述操作，识别并删除噪声点，实现点云数据的去噪。

通过改进Z-score去噪算法，可以成功识别混在真实点云数据中的噪声数据，并实现点云数据的去噪。

通过确定点云数据和离散模型的初始姿态，减少模型的姿态偏差并纠正注册误差，以实现点云和离散模型的准确注册。本章采用一种改进的迭代最近点算法（ICP算法）来修正注册误差。ICP算法主要包括两个步骤：获取最近的对应点集和最小化误差。重复这两个步骤，直到注册误差小于阈值，以实现注册误差的修正。

原始ICP算法的计算效率很低，时间复杂度为 $O(N_d, N_m)$。当点云数据量很大时，时间成本很高。在实际应用中，点云数据通常包含数十万甚至数百万个点。因此，ICP算法不能直接用于实际应用中，必须对其进行相关改进，以降低算法的时间复杂度。ICP算法的主要计算时间集中在寻找对应点集的环节，提高这一环节的效率，可以解决原算法计算效率低的问题。为了提高ICP算法的运算速度，在点云中根据曲率找到若干个特征点，利用八叉树结构在离散模型中寻找特征点的最近点，从而减少参与计算的点的数量，并降低寻找对应点的时间成本。

在获得测量数据和 CAD 模型数据的对应点集后，建立求解变换矩阵的误差方程：

$$f(R,\ T;\ P) = RP + T \tag{7-18}$$

$$\mathrm{Error}(P) = \sum_{i=1}^{N} \| m_i - f(R,\ T;\ p_i) \|^2 \tag{7-19}$$

式(7-18)为对应点集的坐标变换方程，式(7-19)为误差方程。其中，R 是旋转矩阵，T 是平移矢量，P 是测量数据集，N 是点的数量，m 是 CAD 模型对应的点集中的点坐标，p 是点云数据中的点坐标。

注册误差修正问题是最小化可转换误差方程的问题：

$$(R^*,\ T^*) = \arg\min_{R,\ T} \mathrm{Error}(P) = \arg\min_{R,\ T} \sum_{i=1}^{N} \| m_i - f(R,\ T;\ p_i) \|^2 \tag{7-20}$$

通过求解式(7-20)，可以得到最佳的旋转矩阵和平移矢量。图 7.8 是本章改进的 ICP 算法的流程图。该算法的具体流程如下：

步骤 1：输入点云数据 P(包括 N_d 个点) 和离散模型 M。

步骤 2：根据点云的曲率特征，在 P 中选择 N 个特征点(本书将 N 默认设置为 5000)，得到特征点集 X。

步骤 3：初始化相关参数：

$$X_0 = X,\ \overrightarrow{F_0} = [\overrightarrow{F_R} \mid \overrightarrow{F_T}]^t = [1,\ 0,\ 0,\ 0,\ 0,\ 0,\ 0]^{\mathrm{T}},\ k = 0 \tag{7-21}$$

步骤 4：使用八叉树来寻找点云 M 中与点集 X 相对应的点集 Y。

步骤 5：计算坐标转换矢量和注册误差：

(1) 计算出点集 X 和 Y 的重心：

$$\overrightarrow{\mu_X} = \frac{1}{N}\sum_{i=1}^{N} \overrightarrow{x_t},\ \overrightarrow{\mu_Y} = \frac{1}{N}\sum_{i=1}^{N} \overrightarrow{y_t} \tag{7-22}$$

(2) 建立协方差矩阵：

$$\sum_{xy} = \frac{1}{N}\sum_{i=0}^{n} [(\overrightarrow{x_i} - \overrightarrow{\mu_x})(\overrightarrow{y_i} - \overrightarrow{\mu'_y})] = \frac{1}{N}\sum_{i=0}^{n} [\overrightarrow{x_i}\,\overrightarrow{y_i}] - \overrightarrow{\mu_x}\,\overrightarrow{\mu'_y} \tag{7-23}$$

(3) 构建一个 4 × 4 的对称矩阵：

$$Q\Big(\sum_{xy}\Big) = \begin{bmatrix} \mathrm{tr}\Big(\sum_{xy}\Big) & \Delta^r \\ \Delta & \sum_{xy} + \sum_{xy}^{r} - \mathrm{tr}\Big(\sum_{xy}\Big) I_3 \end{bmatrix} \tag{7-24}$$

式中，I_3 是一个 3 × 3 的单位矩阵，$\mathrm{tr}\Big(\sum_{xy}\Big)$ 是矩阵 $\sum_{xy}$ 的迹，$\Delta = [A_{23}\quad A_{31}\quad A_{12}]$ 和

$A_{ij} = \left(\sum_{XY} - \sum_{XY}^{T} \right)_{ij}$的跟踪；

(4) 求解对称矩阵的特征值和特征向量，最大特征值所对应的特征向量就是旋转向量：

$$\overrightarrow{F_R} = [f_0, f_1, f_2, f_3]^{\mathrm{T}} \tag{7-25}$$

(5) 该算法解决了翻译矢量：

$$\overrightarrow{F_T} = \overrightarrow{\mu_X} - R(\overrightarrow{F_R})\overrightarrow{\mu_Y} \tag{7-26}$$

(6) 构建坐标转换矢量：

$$\vec{F} = [\overrightarrow{F_R} \mid \overrightarrow{F_T}]^{t} = [f_0, f_1, f_2, f_3, f_4, f_5, f_6]^{\mathrm{T}} \tag{7-27}$$

步骤 6：进行坐标转换，得到式(7-28)，并计算出 Error_k：

$$X_k = f(R, T; X_{k-1}) = R X_{k-1} + T; \tag{7-28}$$

步骤 7：判断误差，如果 $\mathrm{Error}_k < \theta_{\mathrm{error}}$ 或，$\mathrm{Error}_k - \mathrm{Error}_{k+1} < \tau_\tau$ 为误差收敛阈值，阈值大于零，则算法执行下一步，否则算法跳转到步骤 4。

步骤 8：结束。

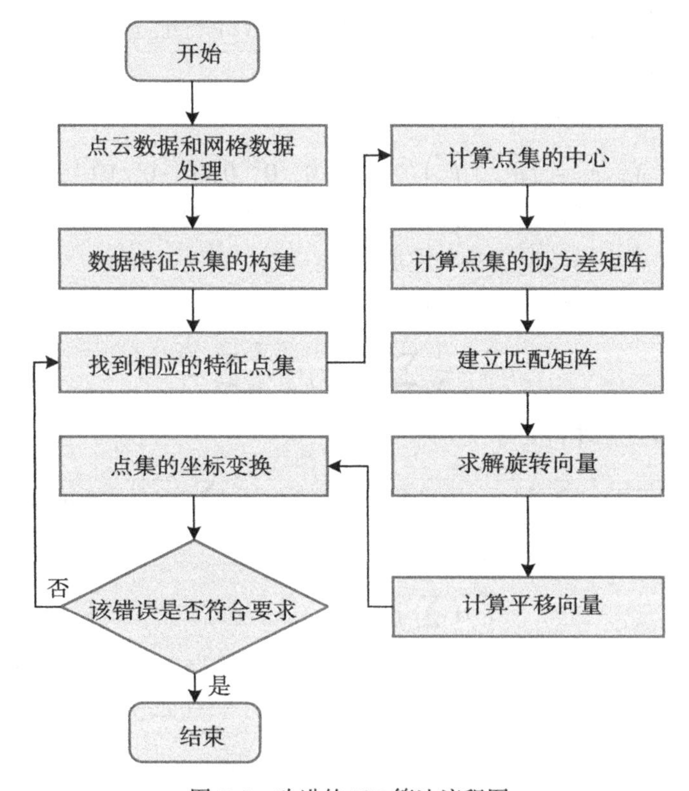

图 7.8　改进的 ICP 算法流程图

7.8 智能交通系统

路网中还存在很多复杂的特殊交通路段。针对这些特殊复杂路段，很多算法的匹配效率较低、效果不佳。因此，本章针对普通平行路段、相交路段和隧道路段设计了不同的匹配方法。首先识别出所属路段，然后进行自适应匹配。在对平行路段进行GPS定位地图匹配时，一个匹配点可能同时出现在多个路段上，或者不同的匹配点在多个路段上来回跳跃，如图7.9所示。

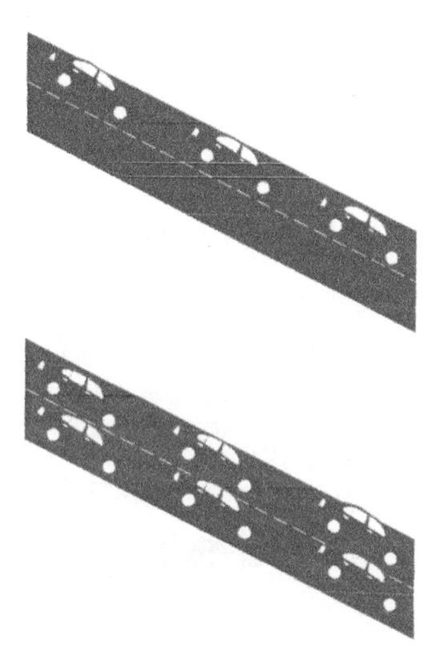

图7.9 平行路段的匹配特征

如图7.10所示，图中*BC*和*DE*为平行路段，点P_1为前一刻的车辆匹配点，点P_2为当前时刻的GPS定位点，点*B*为道路转弯处。根据道路拓扑结构，当车辆在弧线*AB*上行驶时，在*B*点转弯后会进入道路*BC*。因此，考虑到道路的连通性和车辆行驶的连续性，将P_2点匹配在道路*BC*上，并取消平行道路*DE*。

在相交的路段会存在交叉点，根据车辆行驶方向的不同，交叉口可分为交界点和分支点。交界点是指车辆从道路中段向交叉口方向行驶，分支点是指在交叉口路段向外行驶的形式。如图7.11所示，有一个交叉口，车辆在路段2上行驶，通过交叉口*A*，驶向路段3。因此，路口*A*是车辆不通过时的会合点，也是通过后的分割点。

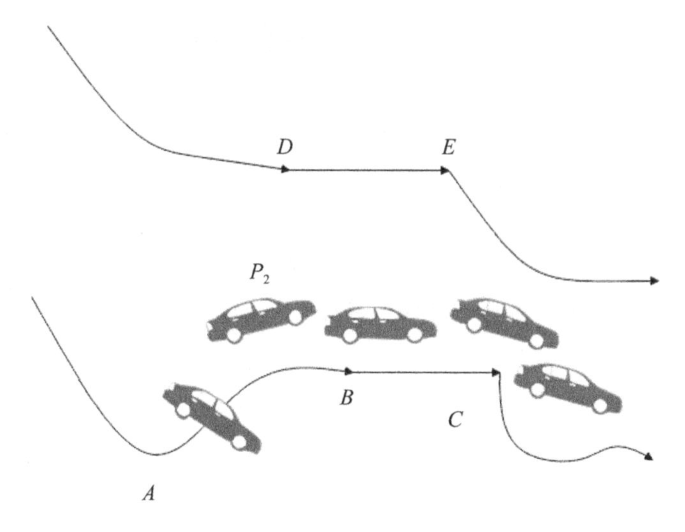

图 7.10　平行路段匹配

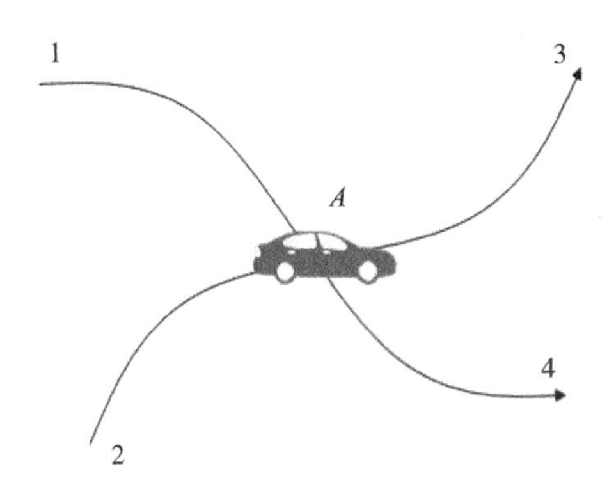

图 7.11　相交路段的特征

如果相交点出现在同一平面，则称为平面相交；如果出现在不同平面，则称为等级相交。在地图匹配过程中，两者的相似性是指候选匹配点所在的两个候选路段之间的方向角大于某个阈值，两者的区别在于两个候选路段是否有共同的节点。平面交叉点和等级交叉点的特征图如图 7.12 所示。

为了缓解城市交通拥堵的问题，政府修建了大量的城市隧道。隧道路段是指车辆从隧道和辅路的分流点进入，行驶到二者交界处离开的路段。在实际情况中，隧道段和辅路段相互平行，间隔很短。隧道段的示意图如图 7.13 所示。

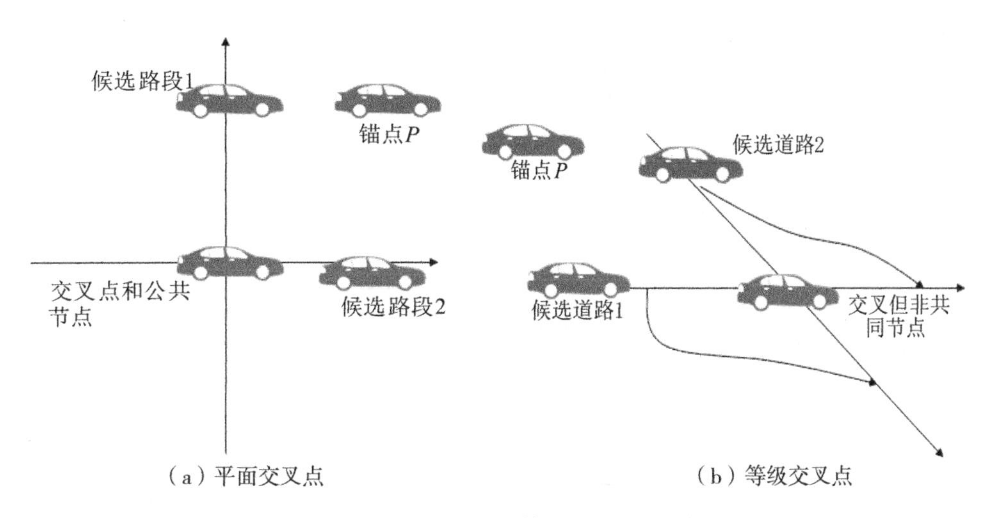

图 7.12　平面交叉点和等级交叉点的特征图

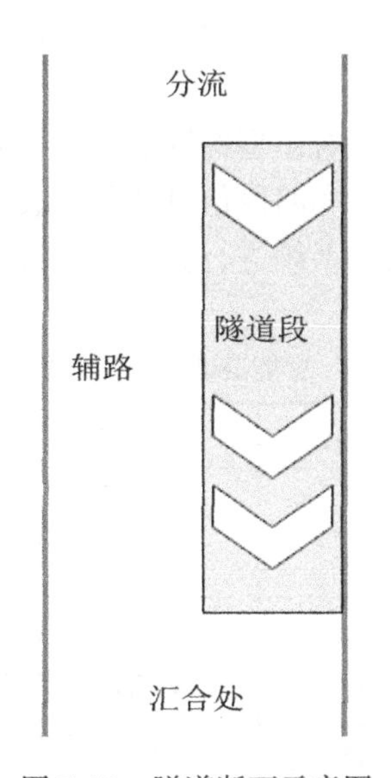

图 7.13　隧道断面示意图

前端模块包括三部分：前端数据采集、车牌自动识别、警示系统。前端模块的数据处理软件安装在安全卡口工控机上，工控机随时与警示系统保持通信，并与通信网络相连，能够将前端模块处理的数据实时更新到系统管理中心数据库。前端模块的结构图如图 7.14 所示。

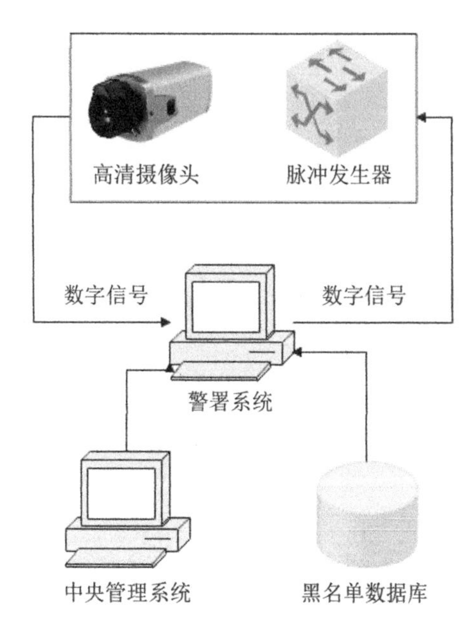

图 7.14　前端模块结构示意图

在构建了上述系统模型后，对模型的性能进行了验证。本书以城市交通路网为研究对象，建立了交通网图顶点和路段信息的数据表结构，并验证了该系统的有效性。本书主要采用专家打分法对系统进行验证，所得结果如表 7.5 所示。

表 7.5　智能交通系统的效果评估

数量	系统评估	数量	系统评估	数量	系统评估
1	94.75	11	84.31	21	83.80
2	96.97	12	92.58	22	83.23
3	83.87	13	84.17	23	85.73
4	88.92	14	87.83	24	92.27
5	94.43	15	89.06	25	95.59
6	89.59	16	85.30	26	83.24
7	96.16	17	89.68	27	90.56
8	88.68	18	94.97	28	84.88
9	93.37	19	95.57	29	94.37
10	92.23	20	94.76	30	87.39

续表

数量	系统评估	数量	系统评估	数量	系统评估
31	83.76	48	92.73	65	85.46
32	84.05	49	87.61	66	93.27
33	94.61	50	83.56	67	85.65
34	91.31	51	92.22	68	91.03
35	87.23	52	94.57	69	95.13
36	84.00	53	83.55	70	89.80
37	86.88	54	94.85	71	90.15
38	92.03	55	86.87	72	85.95
39	88.82	56	90.23	73	96.73
40	94.36	57	92.11	74	91.90
41	93.06	58	93.03	75	94.91
42	87.82	59	87.21	76	96.76
43	93.43	60	85.40	77	91.85
44	86.63	61	87.74	78	89.63
45	87.70	62	88.08	79	88.82
46	83.28	63	94.69	80	85.78
47	90.70	64	89.10	81	90.79

从以上研究可以看出，本书所构建的智能交通系统效果良好，并能有效提高交通运行效率。

第8章　基于时空大数据的 $PM_{2.5}$ 动态分析及健康评估

8.1 研究概述

8.1.1 时空大数据

人类对空间的探索是一个不断变化的过程。最早人们对空间的探索针对的是二维平面，随着社会的进步，人类对空间的探索演变为三维空间，在二维平面的基础上增加了第三个属性，使得研究范围变为三维空间。当人们意识到宇宙中的物体不是静止的这一观点之后，对空间的探索又在三维空间的基础上增加了时间属性，使得研究的范围由三维变为四维。时空大数据是一种四维空间数据，其三维空间属性随时间变化。以人们生活中经常能接触到的数据为例，它包含导航定位数据、手机定位数据、社交数据、宏观的国民经济数据等。

时空大数据是指在时间和空间维度上生成、收集、存储和分析的大规模数据集合，包含了时间和空间信息，覆盖多个领域和行业。时空大数据的时间维度表示数据在不同时间点上的采集和记录，可以跨越从过去到现在再到未来的不同时间段。而空间维度表示数据在不同地理位置或空间范围的采集和记录，可以是二维平面上的经纬度坐标，也可以是三维空间中的经纬度和海拔等信息。在数据特征方面，时空大数据具有多样化的特点，包括结构化数据、非结构化数据和半结构化数据。这些数据来源广泛，包括传感器数据、卫星遥感数据、社交媒体数据、互联网数据、移动设备数据等。由于涉及多个维度上的数据采集和记录，时空大数据的规模通常非常庞大，以 TB、PB 甚至 EB 为单位进行度量。处理时空大数据需要使用高效的算法和技术，包括数据清洗、预处理、整合和转换等过程。时空大数据广泛应用于城市规划、环境监测、灾害预警、商业决策、公共安全等领域。在城市规划与交通管理方面，时空大数据可以提供城市交通状况、人流分布、出行模式等信息，帮助优化交通网络、规划公共设施并制定智能交通管理策略。同时，在环境监测与资源管理领域，时空大数据可用于监测空气质量、水质状况、气候变化等环境信息，为环境保护政策的制定提供支持，也有助于资源管理和农作物种植决策。此外，时空大数据应用于灾害预警和应急响应，通过分析气象和地质数据，实时监测灾害发展并提前采取防灾措施。而在商业决策与市场营销方面，企业可以通过时空大数据了解消费者的购买行为、兴趣偏好等信息，优化产品定位和市场营销策略。最后，在公共安全与治安管理方面，时空大数据也发挥着重要作用，能够监测异常事件、犯罪行为，并提供预警和应急响应措施。

综上所述，时空大数据是在时间和空间维度上生成、收集、存储和分析的大规模数据集合，具有多样化的数据特征和来源，通常数据量庞大并在各个领域广泛应用。

时空大数据作为最重要的大数据，主要有以下五个特点。第一，时空大数据是由时间和空间信息组成的，具有多维度的数据特征。这意味着它能够捕捉到事物的复杂性和多样性，例如气象数据中包含的时间、地理位置、温度、湿度等多个维度的信息。第二，时空大数据以高密度的方式不断产生，拥有大量的数据点。这种高密度的数据采集使得时空大数据能够更全面地反映出瞬息万变的现象和活动，例如交通流量数据在一个城市的各个道路节点都存在大量数据点。第三，时空大数据具有高频率的特点，以连续的时间序列形式存在。它能够提供非常精细的时间分辨率，记录下每一时刻的数据状态。社交媒体数据就是一个例子，可以提供用户的实时动态，记录下每一条发帖或评论的时间戳。第四，时空大数据的多样性也是其重要特点之一，它涵盖了多种类型的数据，包括结构化数据和非结构化数据。例如，传感器数据可以是结构化的数值数据，而社交媒体数据可以是非结构化的文本数据。这种多样性的数据类型使得时空大数据能够更全面地描述事物和现象。第五，时空大数据具有实时性，能够提供近乎实时的数据更新。移动设备产生的位置数据就是一个例子，它可以实时更新用户的位置信息。这种实时性使得时空大数据能够支持实时决策和应对紧急情况。伴随着物联网和云计算的进步与发展，还会产生更多的时空大数据，促使时空数据的发展。因此，我们应该从时空大数据基础研究起走可持续发展的时空大数据产业化之路。

8.1.2 $PM_{2.5}$的动态分析

$PM_{2.5}$是指空气中直径小于2.5μm的微粒，这些微粒因其小尺寸和高活性能长时间悬浮在空气中，对环境造成重大污染。它们也易携带有毒物质，对局部和全球环境均有显著影响。$PM_{2.5}$的来源非常广泛，既包括人类活动的排放，也包括天然资源的释放。主要的人类活动源包括：交通运输、工业生产、燃烧化石燃料、建筑施工等。天然资源主要包括：沙尘暴、火山爆发、森林火灾等。$PM_{2.5}$主要分布在平流层以下的对流层，由于对流层的大气具有较强的流动性，大气细颗粒物可在不同区域乃至全球进行传输，影响全球的气候变化。$PM_{2.5}$对人体健康有着严重的影响，这种颗粒物能够携带各种有害物质进入人体呼吸系统，引发慢性支气管炎、哮喘、呼吸道感染等疾病。]同时，它们还可以进入血液循环系统，对心血管系统造成损害，增加心脏病、中风等疾病的患病风险。此外，$PM_{2.5}$还与肺部炎症、免疫系统失调、神经系统损害等其他健康问题相关。而在环境方面，$PM_{2.5}$的影响也不可忽视。它们吸收和散射阳光，导致大气透明度下降，影响遥感观测；此外，$PM_{2.5}$与硫氧化物、氮氧化物等物质反应生成硫酸和硝酸，进而加剧酸雨的形成，对生态系统造成危害；同时，这些细小颗粒的沉降也会对植被和水体造成损害，使其生长减缓、凋萎甚至死亡，从而对生态环境产生负面影响。由于中国近几十年来的经济发展和城市化，能耗方面大大增加，$PM_{2.5}$带来的污染日渐严重，国内外对 $PM_{2.5}$的研究也日益增多。与 $PM_{2.5}$相关的环境污染研究和健康风险研究对 $PM_{2.5}$浓度的估计主要是基于监测站点数据或卫星影像反演数据，同时也借助监测站-卫星混合模型来估计地球表面 $PM_{2.5}$浓度。由于卫星反演模型中的诸多不准确性，目前多是采用基于监测站点的数据对 $PM_{2.5}$进行暴露评估。在估算人群与 $PM_{2.5}$的暴露时，由于人口数据是基于管理单元(地级市)的汇总人口普查数据，这个数据在空间上忽略了人口的空间异质性，间接导致了较低的评估准确性。

动态分析是指对某个对象、现象或者系统在时间和空间上的变化、发展趋势以及影响因素等进行系统的观察、记录、分析和研究的过程。动态分析强调对事物在不同时间点上的状态和特征进行比较和推演，以揭示其变化趋势和规律性，为未来发展趋势和变化提供预测和决策支持。在环境科学领域，动态分析常常用于对大气、水体、土壤等自然环境要素的变化情况进行研究，例如大气污染物浓度的时空变化、水质的季节性变化等。动态分析通常包括时间趋势分析、季节性变化分析、污染源解析、影响因素分析、空气质量预测等内容，旨在深入理解环境要素的时空演变规律，为环境保护、管理和规划提供科学依据。

通过监测和分析 $PM_{2.5}$浓度的动态变化，可以实时了解空气质量状况、识别高污染区域和高污染时段，采取相应措施，改善空气质量。同时，$PM_{2.5}$动态分析还可揭示污染源和传输途径，以便制定精确的污染源控制策略，降低 $PM_{2.5}$浓度。$PM_{2.5}$动态分析涵盖了时间趋势分析、空间分布分析、季节变化分析、污染源解析、影响因素分析以及空气质量预测等内容。通过对历史 $PM_{2.5}$数据进行时间趋势分析，可以揭示 $PM_{2.5}$浓度的长期变化趋势，包括季节性变化和年际变化。同时，针对不同地区的 $PM_{2.5}$数据进行分析，可以了解 $PM_{2.5}$在空间上的分布规律和差异性，通过 GIS 空间分析技术绘制 $PM_{2.5}$空间分布图，发现 $PM_{2.5}$高浓度区域和污染源分布等特征。此外，季节变化分析有助于理解 $PM_{2.5}$浓度的季节性特征，为制定季节性的环境保护措施提供依据。通过排放清单、遥感监测等手段，对 $PM_{2.5}$污染源进行解析，分析不同污染源对 $PM_{2.5}$浓度的贡献程度以及不同风向对污染传输的影响。影响因素分析则探讨气象条件、地形地貌、人口密度、工业结构等因素与 $PM_{2.5}$之间的关系。最后，基于历史数据和现有监测数据，利用数学统计模型、机器学习算法等进行 $PM_{2.5}$浓度的预测，可为环境应急管理提供决策支持。这些分析内容将有助于更好地理解 $PM_{2.5}$的时空特征，为环境管理和政策制定提供科学依据。

8.1.3 $PM_{2.5}$对人群健康的影响评估

健康评估模型是一种基于医学、流行病学和统计学知识，通过收集和分析相关数据，对个体或群体的健康状态和风险进行评估的工具。该模型可根据多种评估指标和方法来分析人群的身体状况、生活方式及疾病风险，并提供预测和建议。健康评估模型广泛应用在医疗机构、健康管理机构和个人健康管理软件中，可以帮助人们及时发现健康问题、采取相应的干预措施、提高健康水平、降低疾病风险。其中，生活方式评估模型关注个体的生活习惯、饮食结构、运动状况等因素，为人们提供了解自身生活方式是否健康的机会，并给出改善建议。心血管疾病风险评估模型则根据个体的年龄、性别、血压、血脂、血糖等指标，计算其患心血管疾病的风险，以帮助医生和个体评估心血管健康状况，并制定相应的干预措施。另外，癌症风险评估模型基于年龄、性别、家族史、吸烟情况、饮食习惯等因素，预测个体患某种特定癌症的风险，从而促使人们采取早期筛查和预防措施。除此之外，健康打分模型还利用身体指标、生化指标、生活方式等多个维度对个体的整体健康状况进行评估，帮助人们了解自身身体状况，并采取相应的管理和干预措施。这些健康评估模型广泛应用于医疗机构、健康管理机构和个人健康管理软件中，帮助人们及时发现健康问题、采取干预措施，提高健康水平并降低疾病风险。

$PM_{2.5}$对人的健康影响可以通过多个指标进行评价。首先，日均浓度能够反映出当天 $PM_{2.5}$的污染状况，而年均浓度则更能体现长期接触 $PM_{2.5}$的危害程度，因此这两个指标都是评估 $PM_{2.5}$影响的重要依据。除此之外，空气质量指数(AQI)也是一种常用的评估工具，它将多种污染物的浓度转化成一个综合的指数，用于描述空气质量的好坏和对人体的影响。另外，毒性等价因子作为一种新的评估方法，通过权重分析将 $PM_{2.5}$中各种有害物质的影响转化为统一的指数进行计算，能够提供更为精细的评估结果。在实际应用时，可以根据需求和实际情况选择合适的评价指标，以便更加准确地评估 $PM_{2.5}$对人体健康的影响，并制定出更有效的应对措施。建立 $PM_{2.5}$健康影响评估模型涉及多个关键步骤。首先是收集与 $PM_{2.5}$浓度、气象条件、人口统计数据等相关的数据，并进行数据预处理，确保数据的准确性和完整性。接着从收集到的数据中选择与 $PM_{2.5}$健康影响密切相关的特征，通过特征选择和提取降低模型复杂度并提高预测准确性。然后，根据问题性质和数据特点选择合适的模型建立诸如线性回归、支持向量机、决策树、随机森林等。使用已标记的数据对模型进行训练和参数调整，使其能够较好地拟合数据并准确预测 $PM_{2.5}$的健康影响。完成模型训练后，需要对其进行评估和验证，使用交叉验证、留出法、自助法等方法评估模型性能和预测准确性。最后将模型应用于实际 $PM_{2.5}$健康影响评估中，并根据需求进行优化和调整，以提高模型性能和适应性。综合运用统计学、机器学习、大数据分析等方法，结合该领域专家的成熟理论与经验，确保模型的有效性和可靠性。

8.2　数据源及数据处理

8.2.1　研究区概况

本章的研究区域为中华人民共和国，位于亚洲东部和太平洋西岸，经纬度范围是东经 73°33′至 135°05′，北纬 3°51′至 53°33′。该地区地势东低西高，气温和降水的组合多种多样。作为最大的发展中国家，经济发展和环境保护是当前中国正面临的双重挑战。2013 年以来，中国经济持续增长，2019 年实现国内生产总值 990865 亿元，比 2013 年增长 67.1%。能源消费达到 48.6 亿吨标准煤，相比 2013 年能源消费总量大幅增长。生态环境部于 2019 年发布《中国空气质量改善报告(2013—2018 年)》。根据《报告》，2013—2018 年，中国空气质量总体改善，主要大气污染物排放量大幅减少。

8.2.2　数据源

1. $PM_{2.5}$监测数据源

研究中的 $PM_{2.5}$数据来源于全国城市空气质量实时发布系统发布的 $PM_{2.5}$地面监测点数据。本研究选取 2014 年 5 月 13 日至 2019 年 12 月 31 日的地面监测站每小时的数据，同时获取了新冠疫情期间的数据。截至 2020 年 4 月，全国空气质量监测站点已达 1627 个，覆盖 368 个城市。数据采用 Python 爬虫获取，再使用 Python 对获取的数据进行清洗。

数据处理结果反映出全国范围内空气质量监测站点的分布情况。监测站点在中国东部和中部的分布密集，尤其是在经济发达、人口稠密的沿海地区，如长三角和珠三角，这些地区的空气质量监测需求较高，能够更精确地跟踪空气污染物的浓度变化。而在西部和偏远地区，监测站点相对稀少，反映出这些区域的人口和经济活动较少，对空气质量的监测需求相对较低。站点的分布可以有效监测全国范围内的空气污染情况，特别是 $PM_{2.5}$等污染物的时空变化趋势，为环境保护政策的制定提供了科学依据。

2. $PM_{2.5}$影响因素数据

$PM_{2.5}$的来源有自然污染源和人为污染源，其中人为污染源来源于人类的生产和生活活动。人类活动对大气污染物统计分类所确定的 $PM_{2.5}$排放和环境恶化起着越来越重要的作用。本研究选取了六个对 $PM_{2.5}$浓度有主导影响的因素，包括城市GDP、城市绿地面积、道路面积、城市出租车数量、城市公共汽车数量和城市工厂数量。本研究使用 Python 爬虫获取 2014—2017 年度影响 $PM_{2.5}$的 6 个影响因素数据，以年为单位对 $PM_{2.5}$监测站点数据与 $PM_{2.5}$影响因素进行地理加权回归分析。

3. 腾讯 LBS 数据

本研究中基于位置服务的 LBS 数据来自腾讯位置(http：//heat.qq.com/)大数据。腾讯位置大数据是移动互联网时代的数据，如位置共享、设备搜索、推拉和轨迹监控等。QQ、微信等产品均调用腾讯 LBS 数据。依据腾讯位置服务的报道：腾讯 LBS 数据融合定位技术全场景获取位置，依托腾讯覆盖全球位置的数据和高精定位技术，日均请求次数达 1100 亿次，覆盖终端 10 亿，并且定位成功率达 99.6%。研究使用数据挖掘算法获取中国范围内腾讯基于位置服务的定位数据，数据的时间分辨率与获取的 $PM_{2.5}$实时数据的分辨率一致，均以小时为单位。相比于已有论文研究的基于微博数据的 $PM_{2.5}$暴露评估，该研究数据的精确度比微博定位数据高，同时腾讯基于位置服务的定位数据覆盖的人群范围也比微博的定位数据范围更广。

腾讯提供的基于位置服务的数据(LBS 数据)在人口活动密集区的分布特征显示：在东部沿海及大型城市，如北京、上海、广州等地，人口活动频繁，数据量较大，这些地区的经济发展较快，同时也是主要污染源的集中区；而在中西部及边远地区，人口活动较少，数据分布相对稀疏，反映出这些地区的人口密度较低、经济活动不如东部发达。这些数据的空间分布情况揭示了不同区域的人口活动模式与环境污染的潜在关联，有助于进一步理解人口分布与空气污染之间的关系。

8.2.3 数据分析平台

本研究的数据分析平台主要包括：

PyCharm-Python 数据获取与处理平台：随着大数据和人工智能时代的到来，大数据的概念孕育而生，而 Python 面对巨量的数据，能通过强大的库对巨量数据实现数据分析、机器学习、矩阵运算、科学数据可视化、数字图像处理、网络爬虫等功能。

Tableau 数据可视化平台：Tableau 是一款专注于数据可视化的分析软件，它使用户能够对数据进行深入分析。

ArcGIS 10.6 地理数据可视化与处理平台：ArcGIS 是一个全面的地理信息系统，用户可用其来收集、组织、管理、分析、交流和发布地理信息。

8.3　$PM_{2.5}$数据 EOF 分析

本研究选取了中国 367 个地级城市的 $PM_{2.5}$数据(2014 年时为 190 个城市)，时间跨度为 2015—2019 年，使用 PyCharm(Python)进行 EOF 分析。研究分别从月度、季度两个时间尺度来对 $PM_{2.5}$浓度进行分析。

8.3.1　自然正交函数(EOF)

若向量空间中两个向量的内积为 0，则两个向量相互独立，形成正交的关系。进一步推广到函数域，当两个函数之间的内积为 0 时，则这两个函数称为正交函数。

如果 $f_1, f_2 \in L_2(t_1, t_2)$，使用 f_1 去近似 f_2，即 $f_1 \approx c_{12} f_2$，其中，系数 $c_{12} = \frac{<f_1, f_2>}{<f_2, f_2>}$。实变函数内积 $<f_1, f_2> = \int_{t_1}^{t_2} f_1(t) \cdot f_2(t)\,\mathrm{d}t$，若 $<f_1, f_2> = 0$，则称 f_1，f_2 正交(图 8.1)。

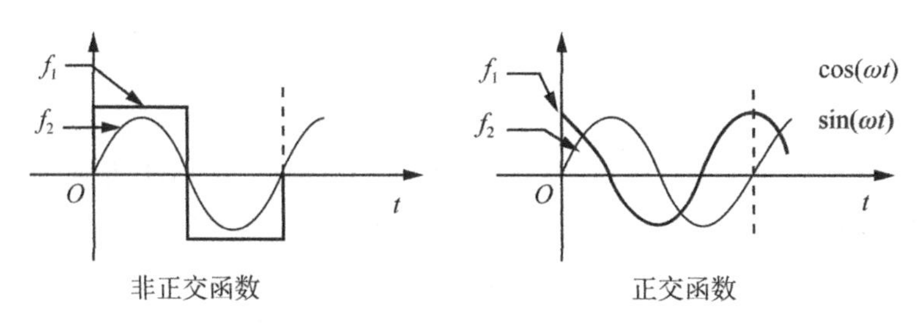

图 8.1　两个函数的正交性

自然正交函数(EOF)最早是由统计学家 Pearson 在 1902 年提出来的，在研究中常用于分析变量的时间和空间性质。EOF 扩展后计算出的特征向量在空间模式下用于表示空间中的样本；主分量表示时间变化，即时间序列系数。在地学中引入的 EOF 分析称为时空分解。

研究选取 2014—2019 年中国 31 个省区(港澳台除外)的 367 个地级市(2014 年是 190 个)的城市 $PM_{2.5}$数据作为原始数据 P_{mn}(m 为样本的个数，n 为城市 $PM_{2.5}$数据)，P_{mn} 是矩平值，$P_{mn} = (P_{ij} - \overline{P_{ij}})$。

$$P = (P_{ij}) = \begin{pmatrix} P_{11} & P_{12} & \cdots & P_{1n} \\ P_{21} & P_{22} & \cdots & P_{2n} \\ \cdots & \cdots & & \cdots \\ P_{m1} & P_{m2} & \cdots & P_{mn} \end{pmatrix}, \quad i = 1, 2, 3, \cdots, m; j = 1, 2, 3, \cdots, n \tag{8-1}$$

式中，m、i 为观测时间(月、年)；n、j 为观测站点 367 个地级行政区。

再由式(8-2) 计算原始数据P_{mn} 的协方差矩阵A_{jk}(实对称、正定的 n 阶方阵)：

$$A_{jk} = \frac{1}{m}\sum_{i=1}^{m} P_{ij} P_{jk} = \begin{pmatrix} A_{11} & A_{12} & \cdots & A_{1n} \\ A_{21} & A_{22} & \cdots & A_{2n} \\ \cdots & \cdots & & \cdots \\ A_{n1} & A_{n2} & \cdots & A_{nn} \end{pmatrix}, \quad j, k = 1, 2, 3, \cdots, n \tag{8-2}$$

用式(8-3) 求解协方差矩阵A_{jk} 的特征值与特征向量：

$$A_{nn} \cdot X_k = \lambda_k \cdot X_k, \quad (k = 1, 2, 3, \cdots, n) \tag{8-3}$$

对于每一个 k 值，式(8-3) 可以展开成一组线性方程组式(8-4)：

$$\begin{cases} A_{11} x_1^{(k)} + A_{12} x_2^{(k)} + \cdots + A_{1n} x_n^{(k)} = \lambda_k x_1^{(k)} \\ A_{21} x_1^{(k)} + A_{22} x_2^{(k)} + \cdots + A_{2n} x_n^{(k)} = \lambda_k x_2^{(k)} \\ \cdots \\ A_{n1} x_1^{(k)} + A_{n2} x_2^{(k)} + \cdots + A_{nn} x_n^{(k)} = \lambda_k x_n^{(k)} \end{cases} \tag{8-4}$$

用雅可比(Jacobi) 法计算协方差矩阵A_{jk} 特征值并由大到小排序的特征值$\lambda_1 \geqslant \lambda_2 \geqslant \lambda_3 \geqslant \cdots \geqslant \lambda_k \geqslant \cdots \geqslant \lambda_n$ 以及它们对应的特征向量(典型场) 见式(8-5)：

$$\left.\begin{array}{l} X^{(1)} = [x_1^{(1)}, x_2^{(1)}, \cdots, x_n^{(1)}]^{\mathrm{T}} \\ X^{(2)} = [x_1^{(2)}, x_2^{(2)}, \cdots, x_n^{(2)}]^{\mathrm{T}} \\ \qquad \cdots \\ X^{(k)} = [x_1^{(k)}, x_2^{(k)}, \cdots, x_n^{(k)}]^{\mathrm{T}} \\ \qquad \cdots \\ X^{(n)} = [x_1^{(n)}, x_2^{(n)}, \cdots, x_n^{(n)}]^{\mathrm{T}} \end{array}\right\} = X_{nn} = \begin{pmatrix} x_{11} & x_{12} & \cdots & x_{1n} \\ x_{21} & x_{22} & \cdots & x_{2n} \\ \cdots & \cdots & & \cdots \\ x_{n1} & x_{n2} & \cdots & x_{nn} \end{pmatrix} \tag{8-5}$$

X_{nn} 就是原始场P_{mn} 的自然正交函数，它的各项系数由式(8-6) 计算求得：

$$T_{mn} = P_{mn} \cdot X_{nn} = \begin{pmatrix} T_{11} & T_{12} & \cdots & T_{1n} \\ T_{21} & T_{22} & \cdots & T_{2n} \\ \cdots & \cdots & & \cdots \\ T_{m1} & T_{m2} & \cdots & T_{mn} \end{pmatrix} \tag{8-6}$$

T_{mn} 与P_{mn} 是同阶矩阵，则原始场可以表示成自然正交函数的线性组合，见式(8-7)：

$$P_{ij}(t, s) = \sum_{k=1}^{h} T_{ik}(t) X_{jk}(s) \tag{8-7}$$

式中，s 代表空间点；t 代表观测时间；h 是展开的项数。通常，原始场中最重要的信息能由前几个特征向量和时间序列系数充分反映。

8.3.2　月度 $PM_{2.5}$ 数据 EOF 分析

本研究对 2014—2019 年 367 个城市(2014 年为 190 个城市)的 $PM_{2.5}$ 数据通过 EOF 法进行时空降解，以阐明 $PM_{2.5}$ 的时空特征。由于第一个特征向量的累积变化率约为 70%，第二个特征向量的累积变化率约为 85%(方差累计贡献率见表 8.1)，每个特征向量反映了主信息和次信息的空间分布，而时间序列系数反映了这些向量随时间的变化程度，如图 8.2 所示。针对 2014—2019 年的 $PM_{2.5}$ 数据，分析前 2 个特征向量及其相应的时间序列系数的变化，可了解全国 2014—2019 年 $PM_{2.5}$ 分布格局及其演变过程。

表 8.1　2014—2019 年累积方差贡献率

序号	1	2	3	4	5
2014 年累积方差	58.64%	79.57%	88.11%	94.32%	97.03%
2015 年累积方差	71.29%	83.4%	88.75%	92.6%	94.88%
2016 年累积方差	70.79%	84.43%	91.3%	93.75%	95.68%
2017 年累积方差	84.61%	90.32%	93.39%	95.82%	96.98%
2018 年累积方差	76.07%	88.28%	92.09%	94.66%	96.75%
2019 年累积方差	71.56%	86.88%	92.81%	95.39%	96.77%

2014—2019 年，我国 $PM_{2.5}$ 第一特征向量的时间序列系数表现出明显的季节性变化规律。具体来看，冬季和春季 $PM_{2.5}$ 的浓度通常较高，时间序列系数反映为正值区间，且是全年中的最高值区间。原因多是由于冬春季采暖期燃煤排放增加以及相对较低的大气边界层高度导致的不利于污染物扩散的条件。相反，在夏季和秋季，$PM_{2.5}$ 浓度相对较低，时间序列系数也相应降低，多与这两季通常具有更强的大气扩散能力和较高的降水清除作用有关。此外，通过分析月度数据可进一步观察到 $PM_{2.5}$ 浓度的月际变化特征。一般而言，$PM_{2.5}$ 浓度在冬季月份(12 月、1 月)达到峰值，而在夏季月份(7 月)降至谷值，形成“U”型分布。这种季节性变化模式在 2014—2019 年保持一致，表明了 $PM_{2.5}$ 污染水平的稳定性和持续性。时间序列系数

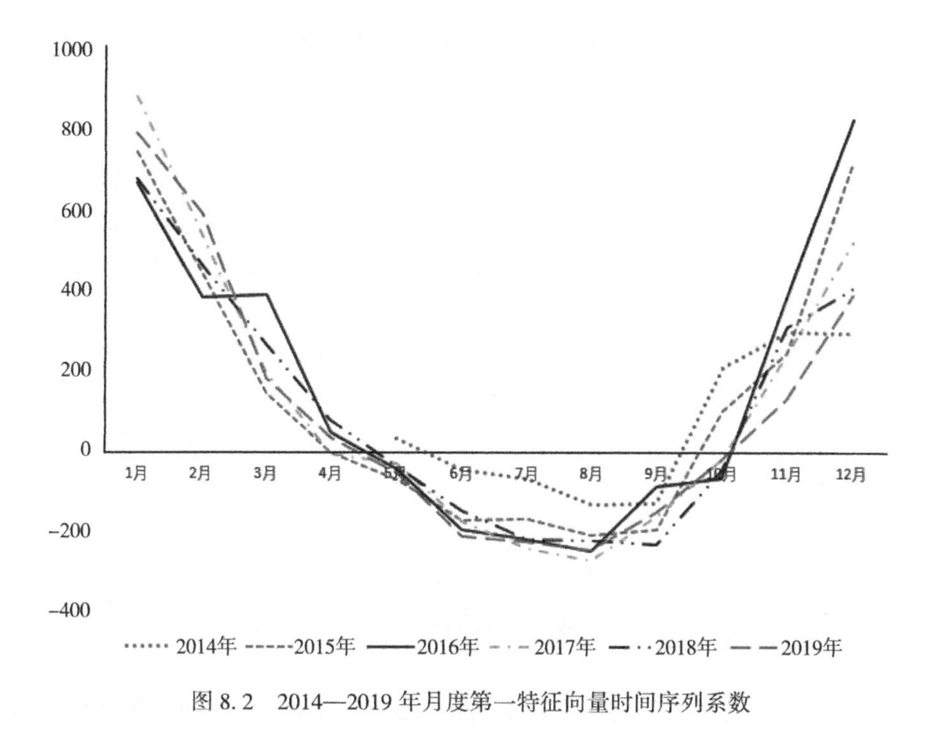

图 8.2　2014—2019 年月度第一特征向量时间序列系数

反映 $PM_{2.5}$在时间维度上的变化规律，冬春两季的 $PM_{2.5}$系数较大，说明污染最严重。造成该现象的原因主要有：①伴随地球的自转规律，此刻的太阳位于南半球，北半球较为寒冷，居民为获得更多的热量采用煤炉、空调等设备进行取暖，造成 $PM_{2.5}$大量排放；②冬季全国城乡居民用电量增加，分布广泛的火力发电厂满负荷发电，造成煤等燃料的大量使用，从而带来大气环境的大范围污染；③在冬春交替的季节，由于中国传统文化节日——春节，伴随着大范围的人口迁徙，汽车、飞机等交通工具的出行量大大增加，汽油、柴油等使用量增加。同时，春节期间烟花爆竹的使用给环境也带来了很大的威胁，使得 $PM_{2.5}$含量增加。

EOF 第一特征向量空间分布反映了 $PM_{2.5}$的空间分布特征。2014 年 $PM_{2.5}$ EOF 第一特征向量的极大值出现在京津冀地区外，在空间分布上 $PM_{2.5}$的含量由京津冀地区向周边地区衰减变化。造成该现象的主要原因有：①京津冀地区、河南省、山东省等地位于第三阶梯，海拔较低，西边有太行山脉、巫山、雪峰山等山峰，$PM_{2.5}$难以向西边扩散。②京津冀地区经济发展方式差别大、产业结构不合理，导致内生污染物排放量大、扩散条件不佳，使得京津冀地区成为全国 $PM_{2.5}$污染的重灾区。低值区域出现在西南各省以及南方沿海各地。2015 年第一特征向量的极大值除了出现在京津冀地区外，还出现在新疆维吾尔自治区北部地区。低值区域出现在西南各省及南方沿海各地。2016 年第一特征向量的极大值出现在河北省南部、河南省、山东省、新疆维吾尔自治区等地，由此可见空气中 $PM_{2.5}$的含量由京津冀地区、新疆维吾尔自治区向周边地区衰减变化。低值区域出现在四川省西南部、云南省、西藏自治区、青海省、广东省、江苏省、广西壮族自治区及福建省等地。2017 年、2018 年以及 2019 年第一特征向量的极大值出现在河北省南部、河南省、山西省、新疆维吾尔自治区等地，由此可见空气中 $PM_{2.5}$的含量由京津冀地区、新疆维吾尔自治区向周边地区衰减变化。造成新疆维吾尔自治区 $PM_{2.5}$污染变严重的原因主要有：①新疆维吾尔自治区远离海洋，降水稀少且拥有中国第一沙漠——塔克拉玛干沙漠，受到风场的影响致使少雨干旱，新疆维吾尔自治区的 $PM_{2.5}$污染严重。②新疆维吾尔自治区人口总量增长较快，且增速高于全国平均水平。冬季取暖设施的增加以及人口的增长给新疆维吾尔自治区脆弱的环境带来了严重的影响，使得 $PM_{2.5}$污染严重。③乌鲁木齐周边矿场众多，随着米东区的发展和崛起，这里聚集了石油化工、氯碱化工、煤电煤化工等高污染工业，并且大型货运车辆交通流量大，受到二次粒子、煤烟尘和机动车排放的影响较大，致使乌鲁木齐周边的 $PM_{2.5}$污染严重。

尽管季节性变化模式稳定，但在不同年份之间，$PM_{2.5}$浓度的具体数值有所差异。例如，某些年份可能会因为特定的气象条件或人为活动而出现异常高的 $PM_{2.5}$浓度。这些变化趋势对于制定有效的环境政策和污染控制措施至关重要，有助于实现空气质量的持续改善。

通过统计 2014—2019 年连续月度第二特征向量值在全国的分布，由经验正交函数(EOF)分析得出 $PM_{2.5}$第二特征向量的时间序列系数和空间分布特征。时间序列系数揭示了 $PM_{2.5}$在不同年份的季节性变化，尽管第二特征向量的方差贡献率不足 20%，未能显著反映 $PM_{2.5}$的时间特征，但结果表明冬春季节 $PM_{2.5}$浓度较高而夏秋季节浓度较低的趋势。空间分布特征表明，$PM_{2.5}$的高值区主要集中在京津冀地区、河南省、河北省、新疆维吾尔自治区等地，呈现出向周边地区递减的分布特征。相比之下，低值区域则集中在四川省西南部、云南省、西藏自治区、江苏省及福建省等地区。季度 EOF 累积方差贡献率分析显示第一特征向量的累计贡献率普遍超过 80%，这表明它能够充分反映 $PM_{2.5}$的时间和空间变化。在 2014—2019 年的季度数据中，$PM_{2.5}$浓度的这种季节性变化规律是一致的，其中第一特征向量主要反映了 $PM_{2.5}$的季节性高值和低值区间，进一步证实了 $PM_{2.5}$浓度在不同季节的分布差异。

该结果同时揭示出 $PM_{2.5}$浓度的时间动态变化规律与空间分布特征。研究发现，全国范围内 $PM_{2.5}$浓度均值逐年降低，且 $PM_{2.5}$浓度表现出明显的季节性规律，即冬季高、夏季低、春秋居中。空间上，新疆西部和冀鲁豫地区为高污染区，而西南和东南沿海地区为低污染区。尽管京津冀地区和周边的河南省、新疆维吾尔自治区等地的 $PM_{2.5}$浓度较高的现象仍然存在，但在某些年份也可以看到这些高值区域有逐渐减小的趋势。究其原因，这可能与近年来政府在这些地区实施的一系列大气污染防治措施有关，如限制工业排放、优化能源结构、提高汽车尾气排放标准等。

综上所述，该研究为理解 $PM_{2.5}$的季节性和区域性污染特征提供了重要依据，揭示了中国不同地区 $PM_{2.5}$污染的空间异质性，并显示出污染热点区域随时间的变化情况。这些信息对于制定有效的区域空气质量管理策略和污染控制措施至关重要。通过观察连续几年的变化，可以评估污染控制措施的效果，并为未来的环境政策制定提供科学依据。

2014—2019 年 $PM_{2.5}$第二特征向量的时间序列系数(图 8.3)变化无明显特征，由于第二特征的方差贡献率小于 20%，第二特征向量时间序列系数不足以明显反映 $PM_{2.5}$的时间特征，但在趋势上也表现出冬春两季的数值较大、夏秋两季的数值较小的趋势。

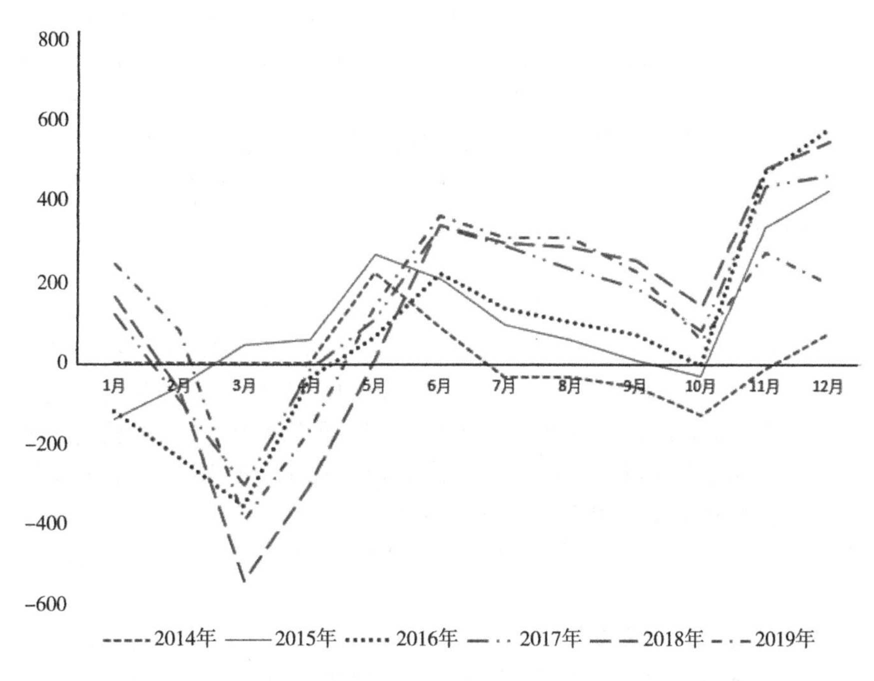

图 8.3 2014—2019 年 $PM_{2.5}$月度第二特征向量时间序列系数

8.3.3　季度 $PM_{2.5}$ 数据 EOF 分析

通过 2014—2019 年季度 EOF 累积方差贡献率(表 8.2)可知，第一特征向量的累计贡献率基本达到 80%以上，能够较好地反映季度 $PM_{2.5}$ 的时间和空间变化。

表 8.2　2014—2019 年季度 EOF 累积贡献率

序号	1	2	3
2014 年累积贡献率	74.05%	100%	100%
2015 年累积贡献率	81.99%	97.32%	100%
2016 年累积贡献率	80.8%	96.53%	100%
2017 年累积贡献率	91.78%	97.89%	100%
2018 年累积贡献率	88.56%	97.63%	100%
2019 年累积贡献率	78.92%	97.09%	100%

2014—2019 年季度 $PM_{2.5}$ 第一特征向量的时间序列系数(图 8.4)变化明显，从第一季度开始到第二季度呈现下降的趋势，从第三季度到第四季度呈现上升的趋势，其分布趋势与月度 $PM_{2.5}$ 第一特征向量的时间序列系数相似，呈 U 形分布。第二季度、第三季度时间序列系数为负值。第三季度的 $PM_{2.5}$ 含量总体处于谷底，与月度 $PM_{2.5}$ 第一特征向量的时间序列系数具有相同的变化趋势。其中，第一季度的时间序列系数值最大，表明第一季度的 $PM_{2.5}$ 空间分布最为典型，与月度 $PM_{2.5}$ 第一特征向量时间序列系数的 1 月份有相同分布。随着时间的推移，季度 $PM_{2.5}$ 有明显的变化：第二季度、第三季度持续下降，并在第三季度达到最低值；第四季度时间序列系数呈上升趋势，并且时间序列系数增加变为正值。

利用经验正交函数(EOF)分析全国范围内每个季度的 $PM_{2.5}$ 第一特征向量的空间分布图，研究全国不同地区 $PM_{2.5}$ 浓度的相对高低。通常处理办法是通过颜色的深浅来标识 $PM_{2.5}$ 浓度的不同等级，颜色较深的区域表示 $PM_{2.5}$ 浓度较高，颜色较浅的区域表示 $PM_{2.5}$ 浓度较低。例如，京津冀地区在多个季度中均呈现较深的颜色，表明这些区域在该季度 $PM_{2.5}$ 浓度较高；而四川省西南部、云南省、西藏自治区、江苏省及福建省等地的地图颜色相对较浅，表明这些地区 $PM_{2.5}$ 浓度相对较低。

在地图设定时，每个季度的 $PM_{2.5}$ 浓度分布都是独立表示的，通过比较不同季度的地图，可以观察到 $PM_{2.5}$ 浓度随季节变化的规律。例如，第一季度的地图可能显示华北平原地区颜色较深，而第四季度的地图则可能显示京津冀地区的颜色较深，反映了不同季节 $PM_{2.5}$ 污染的区域性差异。颜色的设定通常是基于 $PM_{2.5}$ 浓度

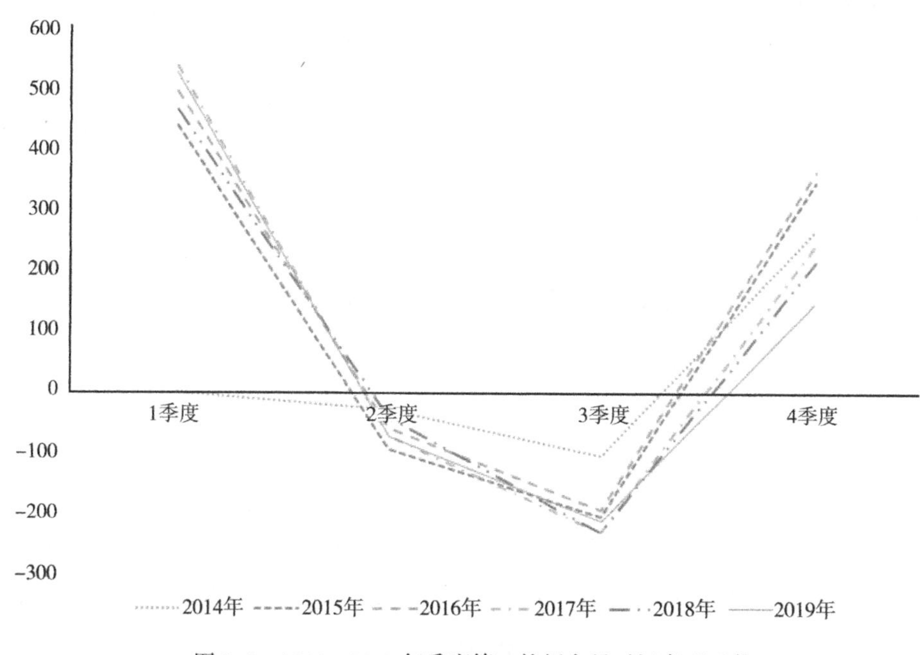

图 8.4　2014—2019 年季度第一特征向量时间序列系数

的数值区间，每个颜色代表一个特定的浓度区间。例如，可以设定红色代表 $PM_{2.5}$ 浓度高于 75μg/m³ 的区域，黄色代表浓度在 35～75μg/m³ 之间的区域，绿色代表浓度低于 35μg/m³ 的区域。这种颜色编码方案是为了使读者能够快速识别出不同地区 $PM_{2.5}$浓度的相对水平。

此外，为了确保地图的准确性和可读性，地图上标识的设置通常遵循特定的地图制作规范，例如使用标准颜色、确保文字清晰可读以及在必要时提供图例说明不同的颜色所代表的 $PM_{2.5}$浓度范围。这些规范有助于确保地图传达的信息既准确又易于理解。

8.3.4　小结

通过对全国 2014—2019 年月度和季度 $PM_{2.5}$分布格局及其演变过程研究发现，月度时空格局的第一特征向量贡献率在 70%左右(表 8.1)，在第二特征向量的贡献率之下累积贡献率才达到 80%，相比于季度 $PM_{2.5}$的第一特征向量的贡献率(均大于 80%)，月度 $PM_{2.5}$的空间分布没有季度 $PM_{2.5}$的空间分布明显。

从 2014 年到 2019 年月度和季度 $PM_{2.5}$含量的 EOF 分析发现：在时间序列分布上，2014—2019 年月度和季度 $PM_{2.5}$第一特征向量的时间序列系数呈现出明显变化特征，时间序列系数从第一季度(1 月、2 月、3 月)到第四季度(10 月、11 月、12

月)表现出先下降后上升的趋势，大致呈“U”形分布。第二季度(4 月、5 月、6 月)、第三季度(7 月、8 月、9 月)时间序列系数为负值。在空间分布上，京津冀地区的 $PM_{2.5}$ 含量相对周边地区较高，且分布方式呈现出从京津冀地区向周边地区衰减的分布形式。从 2014 年起中国的 $PM_{2.5}$ 由一个中心(京津冀地区)逐渐变为两个中心(京津冀地区、新疆维吾尔自治区)。$PM_{2.5}$ 的低值区域出现在四川省西南部、云南省、西藏自治区、江苏省及福建省等地，这一现象基本没有变化。

8.4　$PM_{2.5}$ 数据 GWR 分析

8.4.1　空间自相关分析

莫兰指数(Moran's I)等可以用来量化空间相关性。Moran's I 经过方差归一化会变为-1.0~1.0 之间的一个有理数。Moran's $I>0$ 表示空间正相关，其值越大，空间相关性越明显；Moran's $I<0$ 表示空间负相关，其值越小，空间差异越大；Moran's $I=0$，空间分布呈随机性。空间自相关的 Moran's I 统计可表示为式(8-8)：

$$I = \frac{n}{S_0} \frac{\sum_{i=1}^{n} \sum_{j=1}^{n} \omega_{i,j} z_i z_j}{\sum_{i=1}^{n} z_i^2} \tag{8-8}$$

式中，z_i 是要素 i 的属性及其平均值 $(x_i - \hat{X})$ 的偏差；$\omega_{i,j}$ 是要素 i 和 j 之间的空间权重；n 等于要素总数；S_0 是所有空间权重的集合：

$$S_0 = \sum_{i=1}^{n} \sum_{j=1}^{n} \omega_{i,j} \tag{8-9}$$

统计 z_I 的得分计算公式为：

$$z_I = \frac{I - E[I]}{\sqrt{V[I]}} \tag{8-10}$$

其中，

$$E[I] = -\frac{1}{n-1} \tag{8-11}$$

$$V[I] = E[I^2] - E[I]^2 \tag{8-12}$$

Moran's I 分为全局 Moran's I (Global Moran's I)和局部 Moran's I (Local Moran's I)。Moran's I 的结果 P 值和 Z 得分是衡量数据准确性和相关性的定量判别依据，当 Z 得分超过临界值 1.65 且 P 值小于 0.05 时说明接受该项数据为真，这份数据的准确性和真实性高于 95%置信度检验；当 Z 得分为正，且通过显著性检验时，表示数据正相关；Z 得分为负，且通过显著性检验时，表示有负相关。

8.4.2 地理加权回归(GWR)

空间分析通过抽样特定地理单元来识别数据，数据与结构的关系随着地理环境的变化而变化，数据与结构的变化称为空间不确定性，空间数据往往存在空间异质性，采用一般的线性回归或非线性回归很难取得较好的效果。Fortheringhan 等(1996)基于局部光滑的思想，提出了地理加权回归(Geographically Weighted Regression，GWR)模型。

线性回归的表达式为式：

$$y_i = \beta_0 + \beta_1 x_1 + \cdots + \beta_n x_n + \varepsilon \tag{8-13}$$

式中，y 为因变量，x_1，x_2，⋯，x_n为自变量，β_0，β_1，⋯，β_n为回归分析系数，ε 为回归分析的误差项，$\varepsilon \sim N(0, 1)$。GWR 模型见式(8-14)：

$$y_i = \beta_0(u_i, v_i) + \beta_1(u_i, v_i) x_{i1} + \cdots + \beta_m(u_i, v_i) x_{im} + \varepsilon_i, \quad i = 1, 2, \cdots, n \tag{8-14}$$

式中，(u_i, v_i) 表示 i 的空间位置，空间回归系数β_0，β_1，⋯，β_m 是位置空间坐标的函数，而不是单个系数。GWR 模型见式(8-15)：

$$y_i = \beta_0(u_i, v_i) + \sum_{k=1,\ n} \beta_k(u_i, v_i) x_{ik} + \varepsilon_i, \quad i = 1, 2, \cdots, n \tag{8-15}$$

运用加权线性最小二乘解算算子$\hat{\beta}_k(u_i, v_i)$：

$$\hat{\beta}_k = (X^{\mathrm{T}} w_i X)^{-1} X^{\mathrm{T}} w_i y \tag{8-16}$$

GWR 的核心是空间权重矩阵，空间权重函数主要有高斯核函数(Gaussian) $w_{ij} = \mathrm{e}^{-\frac{\left(\frac{d_{ij}}{b}\right)^2}{2}}$；均值核函数(OLS) $w_{ij} = 1, \forall i, j$；盒状核函数(Boxcar) $w_{ij} = \begin{cases} 1, & \text{if } d_{ij} \leqslant b \\ 0; & \text{otherwise} \end{cases}$；二次核函数(Bisquare) $w_{ij} = \begin{cases} \left(1 - \left(\frac{d_{ij}}{b}\right)^2\right)^2, & \text{if } d_{ij} \leqslant b \\ 0, & \text{otherwise} \end{cases}$，立方体函数(Tricube) $w_{ij} = \begin{cases} \left(1 - \left(\frac{d_{ij}}{b}\right)^3\right)^3, & \text{if } d_{ij} \leqslant b \\ 0, & \text{otherwise} \end{cases}$。其中，$b$ 是带宽，d_{ij} 是样本点 i 和 j 的距离。

高斯核函数和双重平方函数都很依赖带宽 b，国际上最普遍的带宽确认方法为交叉验证法(CV)(式 8-17)和 AIC 准则(式 8-18)。

为了克服“最小平方和”的边界问题，Cleveland 于 1979 年提出了一种交叉验证(Cross Validation，CV)的局部回归分析方法：

$$\mathrm{CV} = \frac{1}{n} \sum_{i=1}^{n} [y_i - \hat{y}_{\neq i}(b)]^2 \tag{8-17}$$

$$\mathrm{ACI} = 2n\ln(\hat{\sigma}) + n\ln(2\pi) + n\left[\frac{n + \mathrm{tr}(S)}{n - 2 - \mathrm{tr}(S)}\right] \tag{8-18}$$

帽子矩阵 S 的迹 $\mathrm{tr}(S)$ 是带宽 b 的函数，$\hat{\sigma}$ 是随机误差项的最大似然估计，即 $\hat{\sigma} = \frac{\mathrm{RSS}}{n - \mathrm{tr}(S)}$。

8.4.3　$PM_{2.5}$数据空间自相关分析

2014—2017 年 $PM_{2.5}$空间自相关报表见表 8.3。

表 8.3　2014—2017 年 $PM_{2.5}$空间自相关报表

年份	Moran's I	预期指数	方差	Z 得分	P 值
2014	0.32	-0.0053	0.00023	21.65	0
2015	0.62	-0.0035	0.00072	73.78	0
2016	0.92	-0.0035	0.000224	61.81	0
2017	0.91	-0.0035	0.000224	61.05	0

由表 8.3 可知，2014—2017 年 $PM_{2.5}$数据 P 值(数据是随机生成的概率值)为 0，表明数据不是随机生成的数据，数据置信度高于 95%。通过空间自相关报表可以看出，$PM_{2.5}$含量的分布与空间信息呈正相关，空间分布聚集度大的地方 $PM_{2.5}$含量也相应高。

2014—2017 年 $PM_{2.5}$影响因素空间自相关报表见表 8.4。

表 8.4　2014—2017 年 $PM_{2.5}$影响因素空间自相关报表

变量	2014 年		2015 年		2016 年		2017 年	
	Moran's I	Z 得分	Moran's I	Z 得分	Moran's I	Z 得分	Moran's I	Z 得分
GDP	0.046	6.08	0.044	5.90	0.085	6.21	0.065	4.81
道路	0.065	8.26	0.068	8.55	0.101	7.13	0.068	4.86
绿地	0.038	5.14	0.039	5.23	0.070	5.18	0.038	2.86
出租车	0.032	4.60	0.027	4.01	0.048	3.83	0.029	2.41
公交车	0.013	2.13	0.018	2.72	0.059	4.54	0.030	2.41
工厂	0.142	17.78	0.139	17.37	0.255	17.81	0.192	13.56

由表 8.4 可知，2014—2017 年 $PM_{2.5}$影响因素数据的 Z 得分均大于 1.96，且 90%数据的 Z 得分大于 2.85。由 Moran's I 的 Z 得分(图 8.5)可知，当 Z 得分大于 1.96 时，其置信度高于 95%，数据假设检验的 P 值小于 5%，表明数据是随机生成的概率极小。

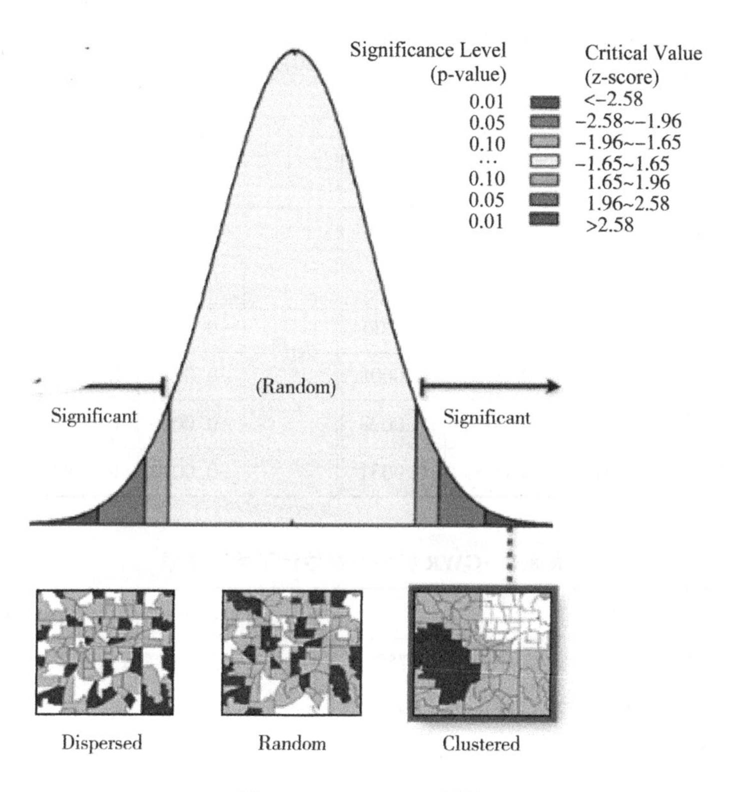

图 8.5 Moran's I Z 得分

8.4.4 $PM_{2.5}$数据 GWR 分析

本研究采用 GWR 方法来讨论不同影响因素对 $PM_{2.5}$分布在空间上的差异性。研究选用 ADAPTIVE 高斯核函数，GWR 的带宽选择使用 AIC(通过最小信息准则来决定最佳带宽)法。

由 GWR 模型回归结果(表 8.5)可知，$PM_{2.5}$的每个解释变量在每个城市都有一个特定的 $PM_{2.5}$参数值，各个城市之间的不同影响因素揭示了 $PM_{2.5}$的直观空间异质性。从 GWR 模型的参数估计和检验结果(表 8.6)可以看出，六个解释变量的确定系数均在 60%以上，模型的适应性较好，本研究通过计算 AIC 来衡量模型数据的优良适应性。

表 8.5 GWR 模型回归结果

年份	变量	最小值	最大值	平均值	年份	最小值	最大值	平均值
2014	GDP	-0.0146	-0.0005	-0.0063	2015	-0.0115	0.00003	-0.0048
	道路	-0.0020	0.0078	0.0021		-0.0015	0.0072	0.0017
	绿地	-0.0023	0.0003	-0.0008		-0.0022	0.0006	-0.0005
	出租车	-0.0004	0.0038	0.0017		-0.002	0.0041	0.0011
	公交车	-0.0016	0.0081	0.0019		0.0001	0.0084	0.0023
	工厂	-0.0027	0.0313	0.0074		-0.0028	0.0196	0.0033
2016	GDP	-0.0114	0.0005	-0.0005	2017	-0.0065	0.0023	-0.0017
	道路	-0.0023	0.0047	0.0014		-0.0019	0.0029	0.0011
	绿地	-0.0014	0.0019	-0.0004		-0.0018	0.0007	-0.0004
	出租车	-0.0014	0.0040	0.0008		-0.0019	0.0024	0.0004
	公交车	-0.0005	0.0086	0.0028		-0.0026	0.0072	0.0019
	工厂	-0.0026	0.0152	0.0031		-0.0047	0.0083	0.0008

表 8.6 GWR 模型参数估计及检验结果

年份	AICc	R^2	Adjusted R^2	Residual Squares
2014	2094.78	0.6759	0.6328	19078.16
2015	2095.02	0.6910	0.6501	19473.78
2016	2107.93	0.6303	0.5869	20026.23
2017	1977.24	0.6738	0.6315	13311.88

本研究通过地理加权回归(GWR)模型深入分析全国范围内城市在 2014 至 2017 年间的 $PM_{2.5}$浓度的统计数据。GWR 模型揭示了区域 $PM_{2.5}$与各解释变量之间的空间异质性，其中，GDP、城市绿地面积、城市道路面积、城市出租车数量、城市公共汽车数量和城市工厂数量等因素的模型参数估计值表明这些变量在不同城市对 $PM_{2.5}$的影响程度存在显著差异。GDP 与 $PM_{2.5}$浓度呈负相关，特别是在京津冀地区和长江三角洲等经济发达地区相关性更强，这表明随着第三产业的发展，这些地区的 $PM_{2.5}$排放量有所减少。城市绿地面积与 $PM_{2.5}$浓度同样呈负相关，意味着城市绿化程度越高，$PM_{2.5}$浓度越低，这与绿色植物的空气污染吸附作用有关。此外，城市道路面积、出租车和公共汽车数量、工厂数量等因素对 $PM_{2.5}$的影响同样不容忽视。

GWR 模型的参数估计和检验结果显示，解释变量的确定系数普遍较高，表明模型具有较好的拟合度。AIC 值用于衡量模型的适应性，较低的 AIC 值表明模型与数据的吻合度较高。模型的残差平方和也逐年降低，进一步证明了模型对 $PM_{2.5}$影响因素的解释能力在增强。综合来看，这些结果为理解 $PM_{2.5}$的空间分布特征及其影响因素提供了有力的统计支持，有助于制定更为精确的空气质量改善措施。

由城市 GDP 影响因素系数空间分布可知，总体上 GDP 与 $PM_{2.5}$呈负相关。其中，京津冀地区、长江三角洲等经济发达地区的相关性最强，相关系数均值达到-0.05，说明城市 GDP 总量越高越注重 $PM_{2.5}$的减排。由 2014—2017 年全国各城市统计年鉴可以看出：发达地区越来越注重第三产业(包括交通运输、计算机服务和软件、金融、房地产、教育等 15 个门类 48 个大类)，第三产业产值增加，城市 $PM_{2.5}$的排放量也相应减少。在西南和东北一些城市 GDP 总量显著发达的地区，其与 $PM_{2.5}$的相关性最弱，相关系数均值为-0.001，这些地区的经济增长对 $PM_{2.5}$有一定影响。

由城市绿地面积影响因素系数空间分布图可知，中部和东部城市的绿地面积与 $PM_{2.5}$呈负相关，相关系数均值达到-0.01，说明城市绿地面积越大，城市 $PM_{2.5}$含量越低。绿色植物不仅能吸收灰尘、硫化物、氮氧化物等空气污染物，而且植物的冠状层会降低风的移动速度，阻挡空气中的颗粒物，植物叶片在呼吸和光合作用过程中也会吸收灰尘。因此，城市的绿化具有更强的清洁和空气净化功能。在西南地区、西部地区和西北地区，城市绿地面积与 $PM_{2.5}$有较弱的正相关关系，由于这些地区位于第一阶梯和第二阶梯，气候条件和降水条件没有东部地区优越，植被难以成活，大多数植被都是草地和低矮灌木，对 $PM_{2.5}$的吸收效果显著低于东部地区的高大植被。

由城市道路面积、城市出租车数量、公共汽车数量的影响因素系数空间分布可知，道路面积、城市出租车数量和公共汽车数量均与 $PM_{2.5}$呈正相关关系。其中，道路面积和 $PM_{2.5}$的相关系数为 0.05，城市出租车数量和 $PM_{2.5}$的相关系数为 0.002，城市公共汽车数量和 $PM_{2.5}$的相关系数为 0.005。道路面积大的城市人类活动强度较大，汽车行驶数量会增加，从而导致消耗的石油量增加，石油燃烧会产生污染物($PM_{2.5}$、氮氧化物、碳氧化物等)。2018 年我国机动车四项污染物排放总量初步核算为 4065.3 万吨，汽车是机动车大气污染排放的主要贡献者。

由城市工厂数量影响因素系数空间分布可知，华中地区、华北地区、西南地区和西北地区城市工厂数量与 $PM_{2.5}$含量显著正相关。城市工厂数量越多，$PM_{2.5}$的含量值越大，工厂的生产活动所产生的污染物排放(氮氧化物、碳氧化物、细小颗粒物等)是空气污染物的主要来源。由图 8.11(f)可以看出，华南地区的工厂数量与

$PM_{2.5}$的系数空间分布呈现出极弱的负相关的趋势，华南地区虽然工厂数量众多，但与 $PM_{2.5}$的空间分布系数最小，说明华南地区注重工厂 $PM_{2.5}$的排放，同时华南地区临海，工厂产生的 $PM_{2.5}$易随着来自海洋的气流快速扩散。

8.4.5　小结

2014—2017 年 $PM_{2.5}$数据、$PM_{2.5}$影响因素数据(解释变量)的 Z 得分均大于 1.96，P 值小于 5%，表明数据是随机生成的概率值极小，其置信度高于 95%。$PM_{2.5}$含量的分布与空间信息呈正相关关系，空间分布聚集度大的地方 $PM_{2.5}$含量也相应高。

通过 $PM_{2.5}$与其解释变量的地理加权回归发现，6 个解释变量的决定系数均大于 60%，说明模型拟合的结果较好。GDP 和城市绿地面积与 $PM_{2.5}$呈负相关关系，道路面积、城市出租车数量、城市公共汽车数量和城市工厂数量与 $PM_{2.5}$呈正相关关系。

8.5　新冠疫情期间 $PM_{2.5}$暴露评估

8.5.1　人口加权回归

本章使用基于位置的服务(LBS)数据作为量化人口分布时空格局的指标。由于不同城市之间社会经济发展和移动互联网普及程度的差异，分别对每个城市的人口动态分布进行估算。本研究通过聚合每个网格的所有地理标记记录，生成并使用 LBS 数据的密度图。然后利用 LBS 数据的密度图对每个城市的人口数据进行重新分布，见式(8-19)。本研究忽略了人类跨城市流动引起的人口变化。

$$\mathrm{Pop}_{ij} = \frac{p_{ij}}{\sum_{i=1}^{n} p_{ij}} \cdot \mathrm{Tol\_}p \tag{8-19}$$

式中，p_{ij} 是第 i 个像元中的腾讯位置数据的定位数量；n 是城市中的像元总数；$\mathrm{Tol\_}p$ 是城市人口总数。

8.5.2　$PM_{2.5}$暴露评估

本研究首先选取与 LBS 人口图的一致时间分辨率的 $PM_{2.5}$数据，通过将人口分布和 $PM_{2.5}$浓度进行综合来获得 $PM_{2.5}$暴露水平。对于每个城市，通过基于像素的方法(式(8-20))来评估 $PM_{2.5}$的暴露量。

$$E_{PM} = \frac{Pop_i \times PM_i}{\sum_{i=1}^{n} Pop_i} \tag{8-20}$$

式中，PM_i 表示 $PM_{2.5}$数据；Pop_i 是基于 LBS 数据进行重新分布后的数据；E_{PM} 是通过人口加权后的 $PM_{2.5}$暴露评估结果。

8.5.3 基于 LBS 数据的人口分布

本研究选取 Python 获取的新冠疫情发生前：2019 年 12 月 25 日、2020 年 1 月 11 日；新冠疫情发生后：2020 年 3 月 7 日和 2020 年 4 月 6 日的腾讯位置数据对人口分布进行研究，将获取的人口数据通过计算得到格网大小为 1km×1km 的人口密度分布图。

本研究基于位置服务(LBS)数据，展示了在 2019 年 12 月 25 日下午 3 时、2020 年 1 月 11 日下午 1 时、2020 年 3 月 7 日下午 4 时和 2020 年 4 月 6 日下午 6 时这四个时间点的人口密度分布情况，目的是揭示人口密度与 $PM_{2.5}$污染暴露风险之间的密切联系。

在 2019 年 12 月 25 日的人口分布中，人口密度较高的区域主要集中在东部沿海城市，如长江三角洲和珠江三角洲以及华北地区的北京、天津、河北、山东等地。这些区域由于经济活动集中，$PM_{2.5}$的潜在健康风险也较高。相对而言，四川省西部、云南省、西藏自治区、江苏省及福建省等地的人口密度较低，相应的 $PM_{2.5}$健康风险也较低。2020 年 1 月 11 日，即新冠疫情初期，湖北省特别是武汉市的人口流动量显著增加，这主要是受学生放假和春运的影响。武汉市铁路局的报道指出，1 月 11 日当天武铁管辖范围内各站发送旅客 57 万人次，学生旅客约 10 万人次。从 2019 年 12 月 29 日到 2020 年 1 月 23 日，离开武汉市的人员约 500 万人。2020 年 3 月 7 日，即新冠疫情期间，全国大城市的人口密度相比 2019 年 12 月和 2020 年 1 月有明显降低。湖北省的人口密度降低尤为显著，这是由于在情影响下，全国 31 个省(自治区、自辖市)启动了突发公共卫生安全一级响应，严格控制人员出入，限制了人口流动。2020 年 4 月 6 日，随着疫情的逐渐控制和企业的复工复产，特别是在湖北省以外的地方，人口密度开始回升。这一变化表明，随着社会活动的逐步恢复，$PM_{2.5}$的污染模式和人群暴露风险也随之变化。

综上，连续的时间点基于 LBS 的人口密度分布展示了人口密度分布的变化，以及这些变化如何影响 $PM_{2.5}$的暴露风险。这些不仅揭示了人口密度与空气污染之间的空间关系，还反映了特殊事件(如疫情)对社会动态和环境健康风险的深远影响。这些发现对于未来在面对类似的公共卫生事件时，制定有效的空气质量管理和公共卫生干预措施提供了重要的参考依据。同时，这也提示我们在后疫情时代，应继续采取有效的污染控制措施，以持续改善空气质量和保护公共健康。

8.5.4　$PM_{2.5}$ 暴露

研究获取的数据为新冠疫情发生前：2019 年 12 月 25 日下午 3 时、2020 年 1 月 11 日下午 1 时；新冠疫情发生后：2020 年 3 月 7 日下午 4 时、2020 年 4 月 6 日下午 6 时，全国空气质量检测站点(1627 个)的 $PM_{2.5}$ 数据。通过对 $PM_{2.5}$ 数据进行空间自相关分析的结果(表 8.7)可以看出，$PM_{2.5}$ 数据的置信度在 95%以上，所以，数据是可用的数据。

表 8.7　$PM_{2.5}$ 空间自相关报表

时间	Moran's *I*	预期指数	方差	*Z* 得分
2019-12-25	0.64	−0.00071	0.18	1.51
2020-01-11	0.75	−0.00071	0.17	2.24
2020-03-07	0.56	−0.00071	0.39	1.67
2020-04-06	0.09	−0.00071	0.18	1.73

随后，本研究综合了 $PM_{2.5}$ 浓度数据和人口分布信息，在 2019 年 12 月至 2020 年 4 月间四个关键时间点，利用基于位置服务(LBS)数据和其他人口统计数据，计算了中国不同地区的 $PM_{2.5}$ 暴露评估值。通过比较疫情前后的暴露评估值，揭示了新冠疫情期间由于工业停产和交通管制导致的 $PM_{2.5}$ 污染水平变化，以及不同地区居民面临的健康风险。这些数据和设定共同显示了在特定社会经济事件影响下，中国不同地区 $PM_{2.5}$ 污染暴露风险的动态变化，为空气质量管理和公共卫生政策的制定提供了科学依据。以 2020 年随机的四个时间点为例，通过分析 $PM_{2.5}$ 的空间自相关性揭示不同时间点全国范围内 $PM_{2.5}$ 空间分布。2019 年 12 月 25 日下午 3 时，$PM_{2.5}$ 含量较高的区域主要集中在京津冀城市群和东北诸省，而较低的区域则出现在西南诸省和南方地区。这一分布特征在 2020 年 1 月 11 日下午 1 时得到了进一步的确认，其中京津冀地区和东北地区的 $PM_{2.5}$ 浓度仍然较高，而西南地区和南方地区的浓度相对较低。2020 年 3 月 7 日下午 4 时，全国的空气质量有所改善，$PM_{2.5}$ 的含量普遍较低，大部分地区 $PM_{2.5}$ 浓度分布在 $35ug/m^3$ 以下，没有出现大面积的污染。2020 年 4 月 6 日下午 6 时，空气质量继续保持良好状态，$PM_{2.5}$ 浓度维持在较低水平，这可能与春季气候条件和污染物扩散条件的改善有关。

通过对比这些时间点的 $PM_{2.5}$ 空间分布，可以观察到空气质量的季节性变化和区域性差异。京津冀地区和东北地区作为 $PM_{2.5}$ 高浓度区域，可能与这些地区的工业排放、采暖季燃煤以及不利的气象条件有关。而西南地区和南方地区由于其湿润的气候和较为严格的环境监管措施，$PM_{2.5}$浓度相对较低。此外，2020 年 3 月和 4 月的空气质量改善可能与新冠疫情期间实施的隔离措施有关，这些措施减少了工业生产活动和交通流量，从而降低了污染物排放。结果表明，特殊事件或特定的社会活动对空气质量有着直接的影响，也为未来制定空气质量改善措施提供了重要的参考依据。

8.5.5 小结

分析人口密度分布可知，中国人口较为集中的区域为长江中下游、珠江三角洲、京津冀、成渝等大型以经济发展为中心的城市群，同时各省省会城市也是人口相对集中的地区。由腾讯位置数据可以看出，人口分布的趋势呈现出东部地区较为聚集、西部地区相对稀疏的趋势。

分析空间分布可知，$PM_{2.5}$含量较高的区域分布于北京市、天津市、河北省、山东省西北部、山西省、吉林省等地。$PM_{2.5}$含量较低的区域出现在四川省西南部、云南省、西藏自治区、江苏省及福建省等地。2020 年 3 月和 4 月全国的 $PM_{2.5}$含量大多集中在 35μg/m³以下，造成这种状况的原因可能与 2020 年第一季度暴发的新冠疫情有关。

分析 $PM_{2.5}$暴露评估值可知，暴露值最大的区域出现在河南省、河北省、北京市、山东省西北部、珠江三角洲、东北地区的省会城市等地。从 2019 年 12 月到 2020 年 4 月，$PM_{2.5}$的暴露值在逐渐减小，并且暴露值呈现出由最初京津冀地区一个地区最大到全国多个城市暴露值相当的趋势。全国 $PM_{2.5}$的暴露值相对于 2019 年 12 月有所降低的原因可能与中国的大型人口迁徙活动——春运有关。结合 $PM_{2.5}$空间分布可以看出，2020 年 3 月和 4 月 $PM_{2.5}$暴露值降低的原因与 2020 年第一季度暴发新冠疫情后的相关管控措施有关。

8.6 新冠疫情期间 $PM_{2.5}$健康评估

8.6.1 $PM_{2.5}$健康评估

本书研究 $PM_{2.5}$健康风险的方法采用世界卫生组织推荐的长期风险评估值，参考世界卫生组织的评估方法，利用获取的 $PM_{2.5}$浓度和人口分布现状对居民的健康风险进行评估，其评估方法见式(8-21)：

$$E=\beta\cdot(c-c_0)\cdot E_0\cdot P_i \tag{8-21}$$

式中，E 表示在当前 $PM_{2.5}$浓度下居民的潜在死亡人数；β 为 $PM_{2.5}$变化导致死亡率变化的比例(本研究中选取 $PM_{2.5}$每减少 10μg/m³ 导致的死亡变化率 6%)；c 表示实际

的 $PM_{2.5}$ 浓度；c_0 表示参考的 $PM_{2.5}$ 浓度；E_0 为参考浓度下的居民健康效应；本研究选取人口普查中的人口死亡率(7.14%)；P_i 是当前位置的人口数。

8.6.2　$PM_{2.5}$ 健康评估结果

本研究是基于 $PM_{2.5}$ 所进行的健康风险评估，研究结果显示的 $PM_{2.5}$ 潜在死亡人数均不包含因 2020 年第一季度暴发新冠疫情造成的死亡人数。

基于上述方法，结合全国范围内 $PM_{2.5}$ 浓度和人口分布数据，选取 2019 年 12 月至 2020 年 4 月间四个关键时间点，对居民健康风险进行了详细评估。变化趋势显示出疫情期间的隔离措施对于降低 $PM_{2.5}$ 污染和改善居民健康具有积极作用，提示我们在后疫情时代，应继续采取有效的污染控制措施，以持续改善空气质量和保护公共健康。

2019 年 12 月 25 日，$PM_{2.5}$ 潜在死亡人数最高的区域主要集中在京津冀地区、河南省、山东省西北部、珠江三角洲、成都市和重庆市，这与这些地区的工业排放、采暖季燃煤以及不利气象条件有关。2020 年 1 月 11 日，这些地区的健康风险仍然较高，但值得注意的是，受春节和新冠疫情的影响，北京市的潜在死亡人数有所下降。2020 年 3 月 7 日，全国的 $PM_{2.5}$ 健康风险进一步降低，尤其是在北京市和天津市，这可能与疫情期间实施的严格隔离措施有关，这些措施减少了人口流动和工业生产活动，从而降低了 $PM_{2.5}$ 的污染水平。2020 年 4 月 6 日，$PM_{2.5}$ 的健康风险进一步下降，尤其是在珠江三角洲、武汉市和上海市周边地区，最大潜在死亡人数显著减少。结果显示，在 2019 年 12 月至 2020 年 4 月期间，$PM_{2.5}$ 的健康风险在空间分布上呈现出显著的地域差异与明显的下降趋势，尤其是在京津冀地区和东部沿海城市。

北京的 $PM_{2.5}$ 造成的潜在死亡人数降幅明显，造成该现象的原因包括：①随着春节的到来，北京的暂住人口离开北京回到家乡，春运期间北京地区累计发送旅客 827.41 万人，北京地区人口的减少进而使得 $PM_{2.5}$ 的健康风险降低；②随着新冠疫情的发展，全国的社区均实行封闭式管理，人口流动减少，$PM_{2.5}$ 带来的健康风险减弱；③3 月中国境内的疫情得到了良好的控制，但随着国外的暴发，为了控制国外疫情对国内再一次造成影响，机场、火车站等旅客出入场所实行严格管控，到达的旅客实行 14 天隔离制度，人口的流动减少，$PM_{2.5}$ 健康风险进一步降低。在西藏自治区、青海省、四川省西部、甘肃省西北部、新疆维吾尔自治区中部的 $PM_{2.5}$ 健康风险较低，且新冠疫情没有对 $PM_{2.5}$ 健康风险造成明显影响，主要原因有：①这些地区地形复杂，居住的人口稀少，人口密度低，故 $PM_{2.5}$ 造成的健康风险低；②这些地区的 $PM_{2.5}$ 含量较低，空气质量处于全国的较高水平，故 $PM_{2.5}$ 的健康风险低；③这些地区主要以农业和旅游业作为经济的支柱产业，少有污染型工厂对环境造成危害，因此 $PM_{2.5}$ 的健康风险低。

在降低 $PM_{2.5}$带来的健康风险和污染防治措施方面，应该主要以政府为主对 $PM_{2.5}$的防治进行引导，主要途径有：

(1)建立健全有关 $PM_{2.5}$防治的法律规范，提高预防和治理 $PM_{2.5}$的法律标准，加强对法治建设和政府建设的监督管理，有关部门推动大气烟尘污染治理工作常态化、制度化，公布完善的法规标准和全面的废气排放标准，而且必须贯彻执行。

(2)减少由于机动车尾气造成的 $PM_{2.5}$健康风险。由于机动车尾气排放是大气污染的来源之一，对此，相关部门要推广和利用新型能源以代替原有汽油、柴油等石油制品，鼓励居民使用清洁能源。

(3)增加城市植被覆盖率。植被覆盖率作为城市生态建设中重要的一环，相关规划部门应该对城市建设中的植被覆盖区域做合理规划。城市道路周边应尽量种植树木来减少道路 $PM_{2.5}$的扩散，防止 $PM_{2.5}$进一步危害周边居民健康，因为树木在净化大气细颗粒物方面发挥着独特的生态功能。

(4)政府加强对工厂 $PM_{2.5}$排放的监管，促进工厂新地址的选址，增加对工业园区 $PM_{2.5}$防治的规划，为工厂更换新型清洁设备提供技术支持。同时，相关部门增加电力、天然气等清洁能源的供应，减少工厂对传统能源的依赖，减少 $PM_{2.5}$的排放。

(5)合理规划城市空间结构，对于高矮建筑应有合理规划。城市空间结构对环境小气候有着重要影响，在城市建筑规划中，必须充分控制建筑场地和建筑结构，增加空气流通的通道，避免 $PM_{2.5}$造成的“热岛效应”对城市居民健康带来威胁。

(6)加强人口稠密地区 $PM_{2.5}$排放的控制，对于人口稠密地区应该多增加人为防治 $PM_{2.5}$的设施，同时加大脆弱人群的自我保护力度，尽可能降低 $PM_{2.5}$对他们的暴露强度。

8.6.3 小结

本研究对我国 $PM_{2.5}$数据进行健康评估的结果显示西部地区 $PM_{2.5}$的健康风险显著低于中东部地区 $PM_{2.5}$的健康风险，2019 年 12 月到 2020 年 4 月，$PM_{2.5}$造成的潜在死亡人数在降低。在降低 $PM_{2.5}$带来的健康风险方面，政府可以从控制污染源、切断传播途径和改进城市规划等方面着手。

8.7 结论与展望

8.7.1 研究结论

通过对全国 2014—2019 年月度和季度 $PM_{2.5}$分布格局及其演变过程的 EOF 研究发现：在时间序列分布上，2014—2019 年月度和季度 $PM_{2.5}$第一特征向量的时间序列系数呈现出明显变化特征，时间序列系数从第一季度(1 月、2 月、3 月)到第四季度(10 月、11 月、12 月)表现出先下降后上升的趋势，大致呈“U”形分布。第二季度(4 月、5 月、6 月)、第三季度(7 月、8 月、9 月)时间序列系数为负值。在空间分布上，京津冀地区的 $PM_{2.5}$ 含量相对于周边地区较高，且分布方式呈现出从京津冀地区向周边地区衰减的分布形式。从 2014 年起，我国的 $PM_{2.5}$ 由一个中心(京津冀地区)逐渐变为两个中心(京津冀地区、新疆维吾尔自治区)。$PM_{2.5}$ 的低值区域出现在四川省西南部、云南省、西藏自治区、江苏省及福建省等地，这一状况基本没有变化。

将 $PM_{2.5}$ 与城市 GDP、城市绿地面积、道路面积、城市出租车数量、城市公共汽车数量和城市工厂数量的地理加权回归发现，城市 GDP 和城市绿地面积与 $PM_{2.5}$ 呈负相关关系，道路面积、城市出租车数量、城市公共汽车数量和城市工厂数量与 $PM_{2.5}$ 呈正相关关系。

基于 LBS 数据的人口密度分布显示，中国人口较为集中的区域为东部沿海(长江三角洲、珠江三角洲等)城市、华北地区(北京、天津、河北、山东等)、成渝地区(重庆、成都、绵阳、南充等)等大型以经济发展为中心的城市群，其余各省会城市也是人口相对集中的地区，人口分布的趋势呈现出东部地区较为聚集、西部地区相对稀疏的趋势。人口分布相对密集的地区也是 $PM_{2.5}$ 含量分布较高的地区。2020 年 3 月和 4 月全国 $PM_{2.5}$ 的含量大多集中于 $35\mu g/m^3$ 以下，造成这种状况的原因与 2020 年第一季度暴发的新冠疫情期间城市对人口流动和工业生产的管控措施有关。

$PM_{2.5}$ 的健康风险结果显示出在中国区域内，西部地区 $PM_{2.5}$ 的健康风险显著低于中东部地区 $PM_{2.5}$ 的健康风险。在地域分布上，$PM_{2.5}$ 健康风险较高的区域主要集中于北京市、天津市、河北省、河南省、成都市、重庆市、珠江三角洲、新疆维吾尔自治区西北部和上海市等区域。

8.7.2　特色与创新

为了了解全国 $PM_{2.5}$ 的时空分布规律，在 Python 数据处理、地理信息系统技术和空间统计方法的基础上，进行了以下四个方面的研究：①研究了 $PM_{2.5}$ 在全国空间范围的可视化方法；②研究了基于腾讯定位数据的 LBS 人口分布和 $PM_{2.5}$ 的空间分布规律；③探究了 $PM_{2.5}$ 与其影响因素之间的关系；④探讨了新冠疫情期间 $PM_{2.5}$ 的暴露和健康风险。

本章首先通过数据挖掘和 Python 爬虫的方法收集了多种类型的时空数据，包括 2014—2019 年 $PM_{2.5}$ 监测站点每小时数据、$PM_{2.5}$ 影响因素数据和基于腾讯位置服务的 LBS 数据。

利用2014—2019年全国大气$PM_{2.5}$监测数据，协同克里金插值获得的数据分析了大气污染的时空分布、$PM_{2.5}$影响因子的收集和$PM_{2.5}$的地理加权回归分析，分析了各影响因子对$PM_{2.5}$变化的影响。

通过对挖掘获取的覆盖范围最广、定位精度较高的LBS数据进行统计分析，得到了基于腾讯LBS的人口空间分布结果，结果显示：基于LBS的人口分布呈现出东部相对聚集、西部相对稀疏的分布特点。结合全国$PM_{2.5}$数据时空分布结果，研究通过暴露评估公式计算了以腾讯LBS人口分布为权重的$PM_{2.5}$暴露值，发现了人口密度与$PM_{2.5}$的相关关系。同时，本章对2020年新冠疫情期间$PM_{2.5}$的健康风险进行了评估，分析了$PM_{2.5}$带来的健康影响。

8.7.3 不足与展望

本章使用数据分析和地理信息系统对全国2014—2019年$PM_{2.5}$空气污染时空分布和2020年新冠疫情期间全国基于腾讯位置服务的LBS数据的人口分布及$PM_{2.5}$暴露进行探索和可视化，综合已有的研究成果和结论发现，本章还可以在以下三个方面开展进一步的研究工作：

(1)本章仅研究了中国范围内$PM_{2.5}$污染聚集区域的时间和空间分布状况，并简略分析了导致该污染状况的人为因素，针对书中提出的春运以及2020年新冠疫情对$PM_{2.5}$的影响并未做详细讨论，这些因素是如何影响$PM_{2.5}$污染状况的还需做进一步研究。同时，在收集的研究数据中，有部分监测站点的监测数据缺失，研究采取克里金插值法对缺失数据进行填补，会带来一定误差。在未来的研究中可以结合卫星遥感影像对$PM_{2.5}$的值进行反演，使用反演后的$PM_{2.5}$数值对缺失值进行填充。

(2)研究中选取的$PM_{2.5}$影响因素并不全面，针对$PM_{2.5}$的污染源，本章的研究只选取了人为污染源，未考虑自然污染源对$PM_{2.5}$的影响。在未来的研究中可以选取对$PM_{2.5}$影响较大的人为污染源和自然污染源，对数据先进行主成分分析(PCA)，选取方差贡献率较大的影响因素与$PM_{2.5}$进行地理加权回归，以便更加全面地分析这些影响因素是如何影响$PM_{2.5}$的变化的。

(3)对于LBS数据，本章仅考虑了实时人口与$PM_{2.5}$之间的联系，结论只分析了实时$PM_{2.5}$给人们带来的健康风险。但由于$PM_{2.5}$的健康风险是一个持续的过程，影响需要一定的时间范围，在未来的研究中，针对$PM_{2.5}$的健康风险评估还可以进一步加大时间分辨率，以更长的时间维度来衡量$PM_{2.5}$带来的健康风险。

第9章　城市应急管理对策建议

9.1　大数据视角下我国应急管理体制改革分析

近年来，我国社会经济迅速发展，正处于社会急剧转型和城市化加速发展时期。在全球政治经济形势动荡起伏的背景下，经济繁荣的背后暗含着引发各种危机的不确定因素，危机管理已成为我国城市发展面临的严峻问题。随着历史的进步和社会的发展，人类在创造着越来越多财富的同时，各种安全问题也接踵而至。城市尤其是大城市的公共安全问题值得我们深思和关注。

现代城市的复杂性使得危机的发生频率增加，而且涉及的领域也日益多样化，给应对工作带来了更大的挑战。非传统的公共安全隐患，尤其是人为制造的问题已成为现代城市公共安全的重要威胁。因为技术的发展和社会结构的变迁，一些非传统的安全隐患，如网络安全问题、恐怖袭击等，对城市的公共安全构成了极大威胁，单体的突发性事件极易被放大为群体社会危机，现代社会信息传播的迅猛发展使得个体事件很容易引发公共关注，从而演变成群体性事件，进一步加大了城市应对危机的难度。公共安全事件的国际化程度正在进一步加强，由于全球化的影响，许多公共安全问题不再局限于国内范围，而是跨出国界，需要国际合作来共同应对。这些特点使得城市在获取经济效益和社会效益的同时，也面临着高度的不确定性和风险。城市公共安全已然成为一道世界性的难题，需要我们加强理论研究，深入探讨解决之道。

我国城市公共安全问题的显现始于一系列城市危机事件向人们发出的警报，而其关键原因则在于我国经济的持续快速增长所引发的城市化进程的加快。城市包括各种制度，如财政、教育、卫生保健、政府等，这些系统是独立但相互关联的。在加快城市化进程中，各制度的相互作用使得城市面临更复杂的管理和应对危机的环境。在这个过程中，需要更加完善的应急管理预案。然而，目前大多数城市的应急管理和预案还存在一些不足和问题。对于多样化、交叉性危机事件的应对能力相对薄弱，缺乏全面性的危机应对体系。危机管理中的信息共享和协同机制不够完善，各相关部门之间的信息沟通不畅，影响了应对危机的效率。公众对危机事件的认知和应对能力也有待提升。因此，在大数据时代下，采取更加健全的应急管理预案并转变应急管理的思维方式变得尤为必要。大数据作为一种强大的信息分析工具，可以为城市应急管理提供更准确、实时的信息支持。通过大数据技术，可以对危机事件进行更全面、深入的分析，有助于更精准地制定预案和应对策略。

综上所述，城市公共安全问题的解决需要多方共同努力，包括完善应急管理体系、加强国际合作、推动大数据技术在安全管理中的应用等。只有通过全社会的合力，才能更好地应对城市公共安全所面临的多层次、复杂性挑战，确保城市持续健康发展。

9.1.1 大数据的意义

当今社会的发展需要全面掌握信息。大数据时代的特点是数据量很大，同时全局信息的互操作性更方便。大数据技术可以让一切原本混乱不清的事情变得清晰起来，在未来我们处理人与人的关系、个人与群体的关系，就会做得比以前更好；其次体现在生态领域，大数据可以让表象具体化，变得更清晰易懂，从而优化了人与资源及生态的关系，增进幸福感。大数据可以让我们看清事物的同时在各个领域都大有作为，甚或可以帮助提升政府处理紧急事务的能力。

1. 促进多学科专业融合

大数据时代促使自然和社会的学科变得独立和融合。各专业的分工在传统时代确实发挥了一定的作用，但随着社会的发展，管理更加复杂，过细的专业划分可能导致多种问题，例如专业壁垒的形成。在大数据下，人们可以通过巨大的数据对复杂的网络进行合理化，快速找到目标数据并进行确认和分析，从而解决复杂的社会管理问题。

2. 实现社会治理由粗放型向精细化转变

在大数据时代，数据库非常全面，社会管理相关部门可以在庞大的数据中找到他们需要的信息，从而提高工作效率。在社会治理过程中，可以根据当地实际和居民的特点制定相应的城市服务，改变传统的粗放方式，实现精细化的社会治理。大数据所分析的是传统手段难以捕捉的非结构化数据，这使它更具有挑战性，但同时对这些非结构化数据的处理也提供了更多的数据源优势。

3. 提高政府决策的科学性

在大数据时代，网络信息的传播非常迅速，在证明其真实性之前，一些信息在互联网上传播，很容易造成公共危机。政府部门可以利用大数据技术，在庞大的数据中找到社会热点，找出危机的原因，以及为什么会进行传播，从而恢复危机的真相。大数据时代的来临为政府应急管理带来了新的机遇和前景。大数据包括结构化、半结构化、非结构化的数据，应用于政府应急管理有利于提升政府对于突发事件的决策质量和应急处理的效率，在提高政府应对突发事件的能力方面将创造更大的公共应用价值。政府可以根据人们在互联网上浏览的信息记录，掌握和分析公众关注的热点，以确保决策符合舆论、科学。

一方面，借助大数据的广泛性、及时性以及敏锐洞察力的特性，可以有效地预测事态的发展趋势。政府可以主动地挖掘大数据包含的潜在信息；从整体的角度分析各个事件之间的必然联系，通过整体关联规则将劣质虚假的数据去掉，将关键真实的数据留下；一旦发现突发事件苗头，可以及时识别和预测突发事件的性质和未来的发展趋势，从而确定相应的决策目标。另一方面，通过大数据可以创造性地将看似无关的数据连接起来，以发现其背后潜在的相关性，进而利用大数据预测模型进行客观的科学预测，以提高应急管理决策目标的可预见性和可控性。从政府决策层面来看，基于定量数据的定性决策是可行的，决策者可通过量化分析，结合逻辑推理、数学分析和经验判断等方法制定应急决策方案，从而提高应急决策的质量。通过将微观的数据信息进行关联分析，可以拓宽数据的分析视角，并发现表面不相关的数据背后隐含的信息价值，使政府有机会和条件在众多领域访问和使用全面的、完整的及系统化的数据，并将传统的应急方式由事后被动应对转为事前主动处理。与此同时，在决策过程中，将突发事件大数据中心的权限对公众开放，向社会发布最新数据并接受社会监督，鼓励更多社会力量参与突发事件的决策和处理。

9.1.2　传统的应急管理思维方式

顺应国际应急管理发展趋势，各国首要任务是建设专门的应急管理组织。但我国也存在相应的问题：在机构设置上，以管理个别灾害的部门为主；在权力控制上，我国没有建立紧急状态法；在紧急情况下，容易产生执法部门职责不清，行使权力和履行职责的程序不清，应急措施不到位；在参与主体上，主要以政府主导的参与为主；在组织指挥模式上，我国是“自上而下”的，然而，没有有效的“自下而上”的信息传输和技术手段；在应急计划中，由于分散，现有应急计划之间没有有机地整合；在技术支持系统方面，我国目前缺乏一个完整和协调良好的技术支持系统，在作出紧急决定时没有有效的技术支持。

1. 我国应急管理体系设计中存在的问题

现代社会是一个风险社会，各种突发事件比原来更加复杂和相关。因此，设计一个全面的应急系统是十分必要的。应急系统的设计需要相应的管理思维、方法和手段，同时也依靠专业、强大的科学技术和人才。在我国应急管理体系的设计过程中：首先，“重响应、轻管理”，因为我国的应急体系是基于“应急法”设计的，其核心概念是建立一个熟练、高效的响应体系。突发事件系统除了应对外，忽视了全过程的预防和监控，也导致除应对外其他环节建设严重缺失。其次，“重权力，轻科学”，目前的应急体系主要集中在政府部门之间的权力划分以及责任的确定，很少涉及基于现代先进科学概念和信息技术的应急管理的参与。这使得我国应急管理的专业化水平还远远不够。

2. 现有的系统运行模式连续性差

“应急办公室”只具有“协调”职能，在紧急情况发生后，迫切需要一个强大、统一的指挥系统来应对工作。因此，在发生公共危机时，根据我国现有的紧急情况，临时组织“指挥部门”应运而生，其职责是协调应急管理和应急救援的大局。因此，我国应急管理体系在现实中形成了一种运作模式的差距，即“应急办公室+指挥部门”模式。这种模式在我国应对重大突发事件的过程中发挥了一定的作用，但存在以下问题：第一，在应急管理过程中，“重处理，轻管理”，在发生紧急情况时，多部门沟通烦琐易延误危机管理的时机，造成重大灾难。第二，“应急办+指挥部”在协调应急管理和应急救援的过程中，不计成本，极不合理。第三，过于依赖政治动员和武装力量、军事理论，缺乏对公民的动员能力。“应急办公室”的权力缺乏，“指挥部门”在成功处理突发事件后缺乏处置，造成了我国应急管理体系的低效，重视“应对”，轻视“综合治理”，导致应急体系的可持续性较差。

3. 专业分工导致信息不对称

传统的“官僚体制”深刻地影响了我国应急体系的运行。这种基于专业分工的应急管理模式有助于提高应急管理的专业化程度。然而，长期的专业分工导致了一个单独的应急系统的形成。同时，政府各部门之间形成了信息壁垒，信息沟通不畅，部门利益制约了应急管理体系的建设和完善，形成了针对不同灾情分门别类的应急管理模式，不同的专业部门负责不同的应急情境。这种基于专业化的应急管理体制，在一定时期内有助于提高应急管理专业化的程度，然而长期过度专业化将形成一个个单独分散的专业应急系统。每个系统拥有各自最有价值的信息资产，但不愿与其他系统分享，进而造成专业信息壁垒的形成。然而，随着现代社会管理风险的增加，越来越多的事件并不局限于一个领域的专业知识，大多具有很强的跨学科性质，其危害更加具有全社会性。在信息壁垒下，现有的应急管理系统将不利于应急管理者掌握全面和客观的信息，这对有效应对各类突发事件显然是非常不利的。

4. 线索信息收集能力弱、不对称和失真

政府收集数据的意识薄弱。长期以来，政府的应急决策依靠官员的经验和直觉，大概重于精确，因果关系重于相关关系，应对重于预测，缺乏用数据描述事实和用数据决策的意识。数据的不完备性给政府的应急管理工作带来了很大的阻力，使得政府应急决策行为主要依靠非数据的经验判断，从而影响应急决策的有效实施，并使得对危机和突发事件的前期数据挖掘和分析工作都处于被动的局面。

我国应急管理的处理是基于地方政府对突发事件的发现。消息来源将通过地方政府向省“应急办公室”报告，然后由省“应急办公室”向国务院有关职能部门报告。审批通过后，任务将向下分配。然而，地方政府之间存在着利益问题，使相当数量的紧急情况以及在全国范围内发生的大规模危机灾害，最初在地方一级造成了问题。然而，在当前的应急管理体系下，各级政府在处理应急管理事项时，首先考虑其经济利益和政治利益的影响，很少从全面和科学的角度看待应急管理的信息传递和信息管理，地方政府往往在保护地方利益的同时干涉和歪曲信息。基于信息失真和不对称，地方政府的行动逻辑是由于地方利益的引导，突发事件的信息被无序地报告，导致早期的应急反应不令人满意，从而导致危机扩散至更大的范围。最后由上级政府出面处置，因此拖延了应急管理处置期，造成大量资源浪费和生命财产损失，政府公信力下降。

9.1.3　我国应急管理体制的改革途径

由于传统的“官僚体制”不能继续为新时代服务，同时大数据技术的数据收集、组织、存储、分析等功能也日益影响管理，本书将重点介绍大数据技术和思维。应急管理处置部门要从以下几个方面着手改革：

1. 应急管理机构需要数据科学家来提高决策能力

因为现代社会的应急管理是一个专业化和高度技术型的工作，传统公共部门和公职人员难以有效处置和参与管理的全过程。因此，在机构设置过程中，不仅可以将应急管理部门设置为一般公共职能部门，还可以将应急管理部门定位为具有研发和科研的专业综合部门。同时，我国政府部门遇到的数据日益增多，对数据管理和使用的需求也很大。因此，国家需要将信息工作部门并入应急管理部门，发挥其专业的数据收集、组织、存储和集成、挖掘、分析和利用能力。“整合职能组织”的步骤还不够，还需要招聘和培训许多数据分析科学家，并指定首席数据科学家。埃森哲预测，“数据分析师”是 21 世纪最有利可图的职业。只有这样，大数据技术和思维才能应用于应急管理的整个过程，帮助政府的应急管理“扁平化”。

加快培养复合型“数据人才”，强化应急智力以支持专业化城市公共安全应急的快速发展，需要越来越多既懂技术又会管理的大数据人才。要通过创新人才培养方式，建立健全多途径、多层次、多类型的大数据人才培养体系。一是高校培养，通过奖学金、项目资助等形式，鼓励具有统计学博士学位点的高校设立数据科学与数据工程相关专业，打破传统教学体系，参考国外顶尖级大学大数据人才培养的课程、方案和模式，重点培养专业化首席数据官、云计算工程师、数据分析师等大数据专业人才；鼓励采取多校联合培养、高校与科研院所及实验室联合培养等方式开展跨学科人才培养。二是企业培养，加强政企合作，政府选派具有计算机专业背景和一定管理经验的人士到信息产业龙头企业，参加大数据的数据开发工程师、数据架构师、大数据分析师和后台开发工程师等多个方向的学习。三是校企合作培养，加大政策支持力度，实施职业技能人才实践培养计划，引导高等院校、职业院校与企业开展人才培养合作，整合高校的技术研发实力与企业的数据资产能力，积极培育大数据技术和城市应急管理人才。四是国外引进，在立足于大力培养本土优秀大数据人才的同时，也要充分发挥人才发展专项资金等多种政策激励措施，营造有利环境，引导海外高端人才回国就业创业；开辟专门渠道，实行特殊政策，积极从其他国家、地区精准引进大数据高层次人才和领军人才。

2. 把优化信息采集能力作为大数据应急管理的开端

树立大数据思维意识，以真实数据(信息)为基础重构应急决策系统，任何管理系统的运行效果，从根本上取决于系统的设计理念。可以发现，中国以往和当前的应急决策系统都是依赖政府机构，基于传统官僚体系的概念设计的。其中，权力的理念得到很大程度上的重视，专注于构建应急管理指挥的权力链条。相比之下，在应急管理过程中非常关键的数据(信息)要素却没有得到相应的重视。在面对错综复杂、变化多端的应急管理情形下，应急决策系统要提高预警和突发事件动态分析能力，必须以大量的真实数据作为基础才能可靠和有效地发挥其效能；应急管理决策者如果缺乏足够真实的数据(信息)，甚至忽略了数据(信息)和数据(信息)的真实性，不但应急决策的各个流程无法顺利进行，反而更容易导致决策的失误，甚至导致破坏性的后果。这在以往各种应急管理情形中已经得到证实。大数据时代的到来，只有改变权力和数据(信息)间的不对称关系，树立大数据思维意识，用大数据思维的理念设计和建立以真实数据(信息)为基础的新型应急决策系统，才能规避传统官僚体系的弊端，有效应对各类突发事件。

特别需要优化以大数据建设为中心的应急管理系统的信息收集能力。第一，大数据的本质是基于海量的信息收集、挖掘和处理。第二，优化信息收集能力可以帮助应急管理决策机构作出更好的应急决策。第三，优化信息采集能力可以帮助更好地构建大数据应急管理信息系统。信息采集作为大数据应急管理的开端，对于应急体系建设和应急决策尤为重要。因此，我们必须做好以下工作：第一，以公民为中心，建立以公民和其他组织为基础的信息报告和收集系统。第二，通过物联网、移动互联网等，借助探头、传感器等技术收集信息，如在环太平洋地震带安装大量地震传感器，监测地震并收集应急信息。第三，基于海量的信息预测一些灾害和灾难的发生。

3. 增强信息整合能力

构建大数据应急管理信息系统要提高应急管理信息的整合能力，政府必须构建纵向和横向的大数据应急管理体系。在纵向上，中央迫切需要帮助地方政府建设大数据下的应急管理信息系统。我国地方政府缺乏一定的应急信息响应机制，无法收集和整合数据，无法依靠信息和收集的数据进行应急决策。然而，基于基层政府不能及时有效地处理应急管理事件，小型突发事件将转化为大型突发事件，使应急管理和应急救援更加困难，同时消耗人力、物力和力量。因此，提高地方政府的应急信息、数据收集、组织、整合和使用能力，上级中央政府应帮助地方政府建立以大数据技术为中心的应急管理信息系统，从而提高其应急管理能力。在横向上，传统的以“官僚体制”为基础的职能部门管理方法已难以应用于现代应急管理体系的建设。横向部门之间的信息不对称和信息壁垒增加了重大事件的数量以及应急管理处理的难度。因此，有必要增加横向部门的整合和协调能力。根据林登的“无缝政府理论”，有必要帮助政府部门建立一个无缝大数据的应急管理信息管理系统，且也要由国家级应急管理机构主导，以打破部门利益，重塑格局。只有建立在横向水平和纵向水平上的应急管理信息系统，才能帮助完善我国的应急管理体系。

打破部门权力职能设定，帮助基层政府构建大数据应急管理平台。一般来说，基层政府是最先感知当地各类突发事件并作出响应和救援的组织实施者，政府能否在第一时间控制局面、挽救损失，与其应急能力的高低强弱直接相关。在中国以往的应急管理实践中，大部分基层政府特别是经济落后地区的政府面对各种突发事件时应急决策能力相对薄弱，由于缺乏大数据思维意识，不擅长利用应急风险因素数据进行分析和管理，靠经验和直觉作出的应急决策往往缺乏科学合理性，导致很多原来非常微小的事故演变成为重大突发事件，甚至成为全国乃至全球关注的巨大危机。因此，在未来新的应急管理系统设计中，从国家层面上应急管理部门不应局限于权力协调的职能设定，而应该将自己的职能设定为应急管理信息服务者，帮助各级地方基层政府树立大数据思维意识，构建以大数据技术为基础的应急管理平台。

4. 深化信息公开意识，实现城市应急联动

在现代社会中，对突发事件的应急管理影响整个社会千千万万民众的切身利益，不是政府应急管理部门能单独完成的，需要社会组织和民众参与配合。各种社会组织和民众自然有权知晓应急管理数据信息，即拥有数据的知情权。若政府对应急决策数据进行垄断，不但无助于科学决策，还可能导致严重的政治后果。因此，在新的应急管理模式中，有必要由国家层级的应急管理部门出面，打破部门利益，整合各方资源，构建政府内部的大数据应急决策系统，同时建立一个共享数据库，向社会开放各种应急数据，为合力开展应急管理工作提供共享的应急决策数据网

络。如果建立了这样一个共享数据库，第一，由于政府和公共组织需要获取紧急信息，这些信息的可信度必须提高。第二，应急管理信息的披露必然导致相关实体对应急管理的研究。第三，突发事件的信息披露将导致对社会的进一步监督，监督政府处理公共事务的能力，使应急管理更加规范，进一步提升政府自身的公信力。相关大数据的共享可以吸引社会组织和公众介入应急管理研究，有助于政府提升应急决策的科学性和合理性。第四，应急决策数据的共享，建立共享数据库，面向社会开放，使之成为应急决策信息的汇合地和应急决策知识的孵化器，也能起到监督政府应急决策工作是否规范的作用。

成立新的国家大数据发展领导机构，对接国家政务信息化工程建设规划，统筹政务与社会数据资源建设和智慧城市建设，加快完善人口、法人单位和空间地理三个国家基础信息库，并加强与城市应急大数据的汇聚整合和关联分析，整体推进国家大数据平台和数据中心等基础设施建设。大力推动政府应急部门数据共享，在国家政府信息统一开放平台的支持下，加强城市应急信息系统建设，实现上下级应急管理部门数据间的纵向整合。在此基础上，通过统一的"元数据"定义，大力推进国家基础数据资源与城市交通、消防抢险、食品安全、医疗卫生、企业安全生产等信息系统跨部门、跨区域共享。构建多元协同大数据采集机制，在确保信息安全并且法律许可的前提下，充分利用城市政务数据开放共享这一契机，引导企事业单位、行业协会、科研院所等自觉采集有效数据并主动向社会开放，让他们公平分享大数据所带来的技术、制度与创新红利，为城市大数据应急平台运行提供安全、充足的信息资源支持。

5. 突破前沿数据技术，促进治理智能化

针对大数据技术正处于起步阶段，对城市应急支撑作用还很有限这一现实问题，应通过开展对大数据重大基础、关键技术等的研发，推动城市应急管理向智能化方向发展。

一是开展重大基础技术研发。围绕数据科学理论体系、大数据计算系统与分析理论等重大基础研究进行前瞻性布局，开展数据科学研究，引导和鼓励在大数据理论、方法及关键应用技术等方面开展探索。

二是开展新一代网络技术集成应用研发。以智慧城市建设为牵引，整合物联网专项、云计算专项和电子政务等项目，推动物联网、云计算、大数据和移动互联网的深度融合和集成应用，并重点支持大数据技术在诸如重大自然灾害、重大安全事故、食品安全事件与环境突发事件等领域的应用。

三是开展大数据关键技术体系研发。采取政、产、学、研、用相结合的协同创新模式和基于开源社区的开放创新模式，加强海量数据存储、数据整合与集成、数据清洗、数据挖掘、数据可视化等领域关键技术攻关，形成安全可靠的大数据技术

体系，为城市应急管理提供数据处理技术保障。

四是开展人工智能技术研发。以数据分析技术为核心，大力加强自然语言理解、机器学习、自动推理和搜索方法、智能搜索、深度学习等人工智能理论和应用技术研发，增强城市应急的智能化、自动化、科学化水平，提升应急管理者的知识发现能力、分析处理能力与辅助决策能力。加快非关系型数据库管理技术、非结构化数据处理技术等基础技术研发，提升对城市应急中图片、音频、视频、社交网络等非结构数据的自动处理能力。

五是开展大数据其他相关应用技术研发。以应用为导向，加强网页搜索技术、视频浓缩检索技术、知识计算(搜索)技术、视频图像信息库等核心技术研发，研发出高品质的单项大数据技术产品，结合数据处理技术，为实现城市应急管理智能服务提供技术体系支撑。

综上所述，应急管理属于政府公共管理范畴。在大数据时代，政府的应急管理要与时代要求保持一致，转变应急管理思维，正确理解和使用大数据，推进应急管理体系，提高应急管理水平。

上面分析了我国应急管理体系建设中存在的相关问题，并基于大数据技术和思维为我国应急管理体系的建设提出了相应的对策和建议。第一，应制定国家大数据发展战略，增加对大数据的投资；第二，应制定大数据开放政策，提高数据共享能力；第三，基于大数据思维和技术，更好地探索其在应急管理过程中的作用；第四，公共安全与公民隐私之间的平衡也值得政府和公民深思。

9.2　智慧安全城市机制建设

建立健全城市公共安全应急机制防范与化解危机事件是一项复杂的社会系统工程，需要政府、社会和个人等方面的环境因素的支持才能成功。在完善应急核心机制的基础上，综合各种因素，建立健全应急机制是一项更加长期的工作。目前，我国城市公共应急机制建设的完善要在综合减灾机制和公共安全应急联动系统两方面加强建设。综合减灾机制建设的核心是要优化综合减灾管理系统中的内在联系，并创造可协调的运作模式，形成一套统一指挥、反应灵敏、协调有序、运转高效的应急机制。

综合减灾机制的理念，应是更多地挖掘并探讨现实减灾研究中的规律性，强调资源的整合作用。如北京市应急指挥系统总体方案的综合减灾机制的建设思想为："属地管理，分级负责"原则、"统一高效、灵敏快捷"原则、"平战结合，以平备战"原则、"资源整合，逐步提升"原则。综合减灾机制重在理顺管理，事实上并非每一级地方政府都要设置综合减灾管理部门，它是由当地具体灾情所决定的，不必搞形式主义，更不应为此人为造成机构臃肿。当然，也绝不能以反对形式主义为名，轻视综合减灾工作。城市建立综合减灾机制，可以把灾害管理与安全等其他方面管理结合起来。城市应急联动系统应重视五大类功能的建设。

一是指挥和处置功能建设，包括公安部门信息收集、综合分析、预测、发布、事务指派、反馈等功能的建设。

二是基于GIS(地理信息系统)的基础数据库建设，信息包括各级联动主管部门、口岸、卡点主要领导、值班室通信录，地理位置(GPS坐标)，单位基本情况、主要职能和业务，各类专家库及查询系统。

三是针对各类突发公共事件的预案建设。对于中毒、投毒、疫情、核辐射、生化、地震、灾害等事故以及重大疫情和突发事件，报告系统具备计算机图文传送功能，有利于城市政府及各相关部门对突发事件进行网上查询、评估、统计、分析等，并通过评估形成决策方案供各部门实施处理。

四是应急指挥调度系统的建设，能够通过有线PSTN、卫星、移动、金卫网、互联网等各类通信手段接收各地语音、传真、电子文档报警和上报数据，分类进行接警的功能。

五是决策分析系统的建设。根据接处警情况数据库内容及上报统计数据，进行挖掘分析和报表处理。

9.2.1　建立和完善智慧城市公共应急的政策机制

第一，建立信息公开政策。信息资源共享政策在指导信息资源开发利用工作的同时也构建了信息资源共享建设的保障环境。信息资源共享政策的覆盖范围很广，但对于信息资源建设领域，我们迫切需要的是有关信息公开的法律和政策。信息的公开和流通与信息的安全和保护，二者缺一不可，要从法律和政策的角度作出明确的规定。

第二，建立标准规范政策。标准规范为信息资源一致性和技术平台的互联互通互操作提供了基本的保证，应围绕信息采集、组织、分类、保存、发布与使用等信息生命周期各环节建立规范和标准。政务信息资源共享交换体系建设中需制定的标准规范包括信息资源分类标准、信息资源标识符编码规范、信息资源核心元数据编码规范、目录编制指南、目录体系建设总则与技术框架、技术平台对外服务接口规范、技术平台内部各模块接口规范、编码规范等。

第三，建立经济政策。政府信息资源共享可以带来较大的社会效益和经济效益，但是，资源共享的前提是资源共建，而在共建的过程中，必定需要更多的资金投入。因此，国家要把信息资源共建共享作为国家信息基础设施建设的一部分，加大对它的投入。政策中要确定信息资源共建共享活动经费在国家信息基础设施建设经费中的合理比例及增长速度，明确经费来源、拨款渠道、支配权限与责任等。可以采用由政府临时增拨应急经费的方式，也可以采用建立城市政府应急基金的方式，以确保应急需要。构建公共财政的应急反应机制是一个复杂的系统工程，难以一蹴而就。它至少应包括公共财政应急决策系统、应急动员系统和反馈系统。建立应急财政预算，即建立财政的应急计划是当务之急。从长远看，公共财政工作要更新观念，树立风险意识和忧患意识，逐步建立风险分担的制度框架，同时，公共财政应急反应机制的启动必须纳入法治化的轨道。信息资源共建共享光靠政府投入是不够的，因此，政策要鼓励企业和社会各方面为信息资源建设投入资金，并使这种投入能够得到一定的回报。

第四，建立技术支持政策。现代社会的信息资源共享是建立在先进的信息技术强有力的支持之上的，迅速发展的网络构成高速廉价的信息传输手段。统一的传输协议与文本格式，使不同时空、素不相识的人们可以同时通过基于相同标准的浏览检索工具访问同一信息。所有这些都为信息资源共享创造了有利的条件。技术支持政策就是要根据我国的国情，采取积极和稳步发展的方针，确定我国信息资源共享技术保障的目标、途径、标准、实施方法与步骤；制定全国信息网络化建设的规划、设计、标准、组织和实施方案，加快网络通信平台的建设；制定数据库建设的规划，改变目前数据库建设力量分散、低水平重复的局面，以及小型数据库的标准化改造；加强对科技、经济和社会发展具有重大意义的科技文献数据库、科研基础数据信息库、科研成果数据库、专利数据库等大型数据库的建设等。

第五，建立人才配置保障。人才资源是创新活动的主体和推动者，也是其他各种创新资源要素的使用者，对于充分发挥创新资源的内在价值具有重要作用。因此，应牢固树立人才是第一资源的观念，要在政府宏观调控下充分发挥市场机制在人力资源配置中的基础性作用，充分发挥人才的潜力，稳步推进资源整合和共享的实施。可以主要通过两种方式进行人才的整合：一是针对特殊重要的科研任务，组织来自不同单位(高校、科研机构和企业)的高水平科研人员，形成新的合作群体，在一定时期内集中完成任务；二是通过建立高效的人才激励机制促使科技人才充分发挥自身的积极性，使人才资源充分发挥自身的才智价值。

建立和完善智慧城市公共应急管理的政策机制要着眼于事发前的准备，防患于未然，使重大突发事件可能带来的危害减轻；要体现政府救助、社会救助和受灾者自救相结合原则，制定有激励和约束力度的政策，发挥“一方有难，八方支援”的优良传统和民族精神。

9.2.2　建立和完善智慧城市公共应急的网络保障机制

在全面网络安全观指导下建设的智慧城市安全保障体系，要达到组织、制度、管理、人才、技术、应用的完备化、系统化、规范化、融合化，使软环境与硬设施真正融为一体。智慧城市安全保障体系是以人力资源和组织架构为核心，以网络安全政策法规、制度标准、技术指南为指导，以网络安全运行机制为保障，以网络安全技术、产品、系统、平台为支撑的闭环式系统。在同一网络安全组织架构下，不同部门的人才资源根据职能共同营造构筑网络安全运行的政策环境；基于政策法规、制度标准、技术指南，探索特定环境下的网络安全运行机制，根据职能执行安全运行机制；根据智慧城市建设基础和条件研究、设计、开发、维护适应城市安全需求和国家网络安全要求的网络安全技术产品、系统、平台。组织架构和人才资源是构建智慧城市安全保障体系的核心要素。智慧城市安全保障体系的组织架构要配备和设立安全决策、管理、执行以及监管的主要责任人员岗位和机构，明确各级机构的角色与责任，确保认识到位、责任到位、措施到位、投入到位。加强行政部门、技术服务单位和专业人员队伍建设，建设一支规模适当、结构合理、德才兼备、符合不同层次需要的高素质、职业化智慧城市网络安全管理和服务队伍。政策法规、制度标准、技术指南是智慧城市安全保障体系软环境的基本构建，是智慧城市网络安全建设、运维和保障人员行为准则的依据和指导，是形成完善、完整、可行网络安全制度的基础性要求。理论上，这些文本、文件需要包括网络安全总体方针、标准规范和网络安全管理规范、流程、制度等。例如，制定网络安全工程建设、运行维护、安全服务等规范，明确网络安全日常工作流程；制定网络安全业务应用服务规范和标准，规范相关职能业务在确保网络安全条件下的工作程序、内容和要求等。网络安全运行机制是智慧城市安全软环境和硬件设施协调运转的保障。网络安全技术、产品、系统、平台是智慧城市安全保障体系的硬件设施。在技术、产品研发方面，要不断开发适应信息安全新形势的新技术与产品，实现不同层次的身份鉴别、访问控制、数据完整性、数据保密性和抗抵赖等安全功能，从物理、网络、主机、应用、终端和数据等几个层面建立起强健的智慧城市信息安全技术保障产品。在安全项目布局方面，要建设灾备中心，建立业务连续性计划、应急响应和灾难恢复计划等，定期对相应计划进行有效性评估和完善，定期开展会员参与的应急演练，保证智慧城市运行的业务连续性。

智慧城市安全保障体系的核心内容包括：网络安全技术监测防御体系和网络安全应急指挥、管理、处理、服务体系。前者构筑起主动监测和实时防御的数据资源基础，在挖掘技术监测和防御数据的基础上，为实时网络安全应急指挥、管理、处理、服务提供技术和数据支撑，从而全面保护智慧城市安全。近年来，随着智慧城市建设和应用的不断深入，网络安全保障工作取得了积极进展，基础性安全得到了高度重视，系统性安全逐步完善，平台性安全逐步扩展。但相对于整体的网络安全环境和形势，智慧城市网络安全保障体系的建设还存在很大的不足，需要智慧城市相关利益方转变网络安全思维方式，调整网络安全的组织和技术架构，改变保障网络安全的工作方式，不断提升应对复杂多变的网络安全风险的能力和水平。

1. 建立培训宣传工作机制，树立深入、完整、正确的智慧城市全面网络安全观

充分利用广播电视、互联网络等媒体，加强对全面网络安全观作用及意义的宣传，普及网络安全知识，营造关心、支持和参与智慧城市网络安全保障体系建设的良好氛围。建立网络安全培训基地，组织编写培训教材，滚动开展公务员、各级领导干部的网络安全应用技能培训，加强网络安全管理人员和技术人员的业务培训；举行干部和公务员网络安全能力考试，强化领导干部网络安全意识；通过各种社会化信息服务形式和手段，提高全民信息安全能力，定期组织有关人员进行考察，学习和借鉴国内外网络安全的经验；组织举办研讨会，扩大交流，提高智慧城市建设和网络安全保障的影响力。

2. 建设网络安全保障的组织体系和人才体系，筑牢智慧城市网络安全根基

建立与国家网络安全要求和智慧城市安全需要相适应的组织体系。城市作为相对独立的网络安全建设、运维和管理主体，应设立具有全权协调和管理职能的城市网络安全协调领导小组，负责国家网络安全政策的落实，统筹协调行政区域内网络安全工作，形成推动网络安全发展合力。城市各级党委、政府及所属各部门，根据网络安全保护级别设置独立的网络安全部门或网络安全责任人员。城市辖区规模以上企事业单位根据网络安全保护级别，参照政府网络安全机构设置和人员配置要求，落实具体负责安全的责任部门和责任人。构建一支高素质、职业化的安全保障队伍，强化网络安全人才引进、培养、培训的制度化建设，通过干中学、走出去、引进来等各种途径，确保其职业道德和专业素养的持续改善，从而巩固智慧城市网络安全保障工作的人力资源基础。

3. 建设网络安全协同创新共同体，构筑基于资源共享的智慧城市网络安全保障体系

网络安全协同创新共同体是以网络安全和信息化双轮驱动为发展原则，以“开放、包容、共享、共赢”为发展理念，以全面网络安全观为指导，汇聚大量有利于网络安全建设的资源和力量，共享技术、产品和服务，由各种网络安全社会力量自发组织成立的一种社会性服务组织。要积极推动各级网络安全管理部门参与网络安全共同体建设，共享建设发展经验，共用前沿安全技术和产品，共商区域网络安全发展对策，共同应对网络安全发展难题。推动城市辖区网络安全科研、开发和服务机构参与网络安全共同体建设，拓展区域研究、技术、产品对接的范围和针对性，拓宽新理念、新技术、新产品应用和实践渠道，有效提升本地网络安全服务机构的

技术服务能力，大力推进网络安全人才的本地化进程。

4. 建立智慧城市网络安全评估、审查机制，切实提高网络安全保障服务成效

建立以安全保障服务为中心的智慧城市网络安全保障能力评估评价体系，不断完善评价指标体系，强化对城市各辖区、各部门网络安全保障的系统建设、系统资源使用、信息资源利用、智能业务应用、部门信息公开等方面的网络安全综合评估评价和审查工作，充分发挥网络安全评估评价及审查机制的导向性和监督性作用。将评估评价和审查结果纳入城市各市直部门、各辖区领导班子、领导干部的年度考评体系，以评促建、以评促用。建立智慧城市信息化工程建设项目的网络安全绩效评价制度，建立人大、政协委员评判、社会评议、专家评审、专业机构评测相结合的智慧城市建设项目的综合网络安全评估评价体系。

5. 加强规划指导和制度建设，实现城市信息化

与网络安全建设规范管理协同发展，加强智慧城市发展规划指导和制度建设。在统一城市发展战略指导下，同步制定城市信息化和网络安全发展规划，指导智慧城市建设和发展的多规合一；同步部署城市信息化和网络安全建设任务，探索实践多部门协同工作的智慧城市组织实施格局；同步推进全面网络安全观下智慧城市安全保障体系构建，探析城市信息化和网络安全项目建设，探索实践目标一致、任务一致、项目一体、系统一体的建设格局；同步推进城市信息化和网络安全评估评价工作，探索实践谋划、部署、推进、实施一体化的评估评价工作机制，推动实现城市信息化与网络安全建设规范管理和协同发展。建立健全城市信息化与网络安全建设、应用、管理的规范体系和标准的实施机制。建立电子政务项目需求分析、规划、立项、审批、验收、监理、运维、外包、绩效评价等全过程管理制度，推动智慧城市建设进入规范化、制度化的轨道。

9.2.3 建立和完善智慧城市公共应急的领导机制

在经历了多次危机事件之后，人们越来越多地发现政府错位、越位现象突出，职能转变远没有到位。政府的社会管理和公共服务职能明显薄弱，直接导致应对重大突发性事件的预警、组织协调和危机处理等方面的工作被动。在开放型经济社会不断发展和不确定因素日趋增加的情况下，建立导向服务和开放的政府管理模式显得更加迫切。

第一，政府公信力提升机制。政府公信力是政府是否作为、能否全面履行公共责任的首要考量。在危急状态下，政府能否迅捷有效地作出反应，负责任地应对和处置突发性事件，有效率地实施危机管理，保障公民生命和财产安全，让公民免受

恐惧和危害，是政府公信力的基本内容。在我国，正是因为经受住了SARS危机等各种重大突发性事件的严峻考验，政府的公共理性得到充分肯定，责任政府形象耸立，社会公众对政府的依赖度明显增强。今后更要大刀阔斧地强化党风、政风建设，科学地应对突发性事件，进一步塑造和提升政府公信力。

第二，干部问责与纠错机制。在特殊时期，政府的一举一动都会受到人们的密切关注。对于政府来说，应对危机、化解风险是切实为人民服务、树立良好形象和重建社会公信力的机会。然而，有的部门的行为及态度还不尽如人意。为此，要通过公正严格的司法程序，惩处对重大事件的发生和应对不力负有直接重大责任的政府官员、临阵脱逃者以及其他责任人员。尽快改革干部考核和任命中只对上负责而不对人民的生命财产安全负责的僵化体制。建立健全干部问责与纠错机制的目标只能是维护生命至上、人民至上。

第三，公关与协作机制。危机事件的治理主体只能是各级政府，因为它掌握了最具配置性的公共资源。但政府在处理危机事件的过程中，需要面对的合作与挑战来自公众、媒体和其他相关的公众组织。政府交流、沟通信息、寻求支持、塑造良好形象，离不开政府公关和相关主体之间的协作，建立这样一个长效机制有助于更好地应对各种危机。

第四，危机教育机制。社会成熟度的提高是战胜危机的一项重要而艰巨的任务。但是，社会成熟度不是自然进入某种理想状态的，一个社会如果没有长期的引导和刻苦的修炼，其不成熟的成分就难以避免。从整体上看，我们的社会成熟度偏低，缺乏危机教育和应对重大突发性事件的培训实践，公民防备意识较差。建议在国民教育的不同阶段，开展带有阶段特点的危机管理教育，最终建立和完善危机管理教育体系。

9.2.4　建立和完善智慧城市公共应急的信息处理与预警机制

信息处理与预警机制包括信息应急联动机制和信息披露机制。信息应急联动系统融合有线通信、无线通信、数据库、全球定位、计算机辅助调度、信息技术网络等多种现代化的信息传输手段为一体，能保证统一接警、统一指挥、资源共享、快速反应、联合行动。

信息披露机制要求政府尊重公众的知情权，在危机事件中及时向新闻媒体通报情况，最大限度地向社会提供各类真实可靠的公共信息，特别是对那些涉及公众的灾难性信息，更应该及时准确地提供给公众。政府的信息公布越早、越具体，就越有利于社会稳定，有利于提高政府的公信力。相反，任何瞒报、漏报和少报，都会产生不可估量的损害。信息体系的完善和智慧城市的建设，会有助于城市在安全预警和应急管理上实现目标。

智慧城市环境下的信息整合，就是在信息技术快速发展的前提下，基于公众的信息服务和政府提高管理水平与办事效率的需要，是对现有的政府信息资源科学、合理、有组织、系统地整理并有机集成的信息处理过程，通过信息整合，实现特定范围内的政府信息资源的共享，满足不同用户对信息的不同层次的需要，从而发挥政府信息资源和网络的最大价值。经过整合后的信息资源应该具有准确性、权威性、广度性、深度性、可靠性、有效性、时效性等。智慧城市信息系统不同于单一部门的信息系统，必须将系统的规划理念放在全局的高度，通过对各领域的业务架构进行交互分析，构建出智慧城市的生态系统中涉及的组织部门，以及各行业解决方案之间的关系清单，并提取出各系统共同依赖的共享服务，为后续的业务流程设计、IT 基础架构和智慧解决方案建设的统筹和集约打下良好的基础。首先确定预警指标，相交互的部门要完成部门之间信息的调用，必须梳理相关部门和游客市民之间的业务流程、数据流向和服务调用关系。在政府协调下，获取指标体系中某些信息的授权部门所需要的各部门的安全信息，有些是各部门不予开放的信息，有些属于定制信息，因此需要县级以上政府进行事先的协调，并就获取相应信息进行授权，必要时还要签订保密协议。根据每年安全事故的发生状况和城市重大危险源的识别状况，城市预警的指标也需要进行评估，必要时进行相应的调整或者修正。部门也需将调整和修正的情况及时通报相关专业部门，以获取及时的更新和数据支持。部门在确定阈值的时候要听取专业部门的建议，在是否发布预警或确定预警等级的时候，不但要有定量的分析，也要听取专家的经验分析，以免引发过度预警带来的恐慌或者漏警带来的损失。根据预警信息受众不同，多渠道、多方式发布信息，确定预警级别和信息后，通过正式而多样的官方渠道发布。可以在各级预警信息发布中心、部门官网和官方微信上进行发布，并通过其他相应的媒体和移动终端发布信息，对企事业单位的预警还可以采用公文的形式。在官方渠道发布时，要选择比较醒目的位置，以便引起信息接收者的注意。

加强共享评价系统建设，通过构建一个清晰、简洁、实用的评价方法，较为准确地反映一个地区和一个部门信息资源共享的基本情况，较为客观地评价地区和部门领导推动信息资源共享工作的情况，分析其中存在的问题以便于提出对策，推动信息资源共享工作更快发展。“信息资源开发利用工作评价体系”应该坚持科学性、实用性、操作性、前瞻性的原则。在研究方法上，要特别注意以下几个方面：①在“评价框架”设计上，特别注意“评价”与“统计”的区别；②在“评价指标”的设计上，特别注意服从各领域的评价功能，而不囿于现有的统计指标体系；③在“指标类型”的选择上，注意定量指标与定性指标的结合；④在“评价应用”上，注意单项评价与综合评价并重。政府信息资源共享取决于多个因素，因此其评价工作也极为复杂，相对于多个因素以及根据评价原则，对于评价的总体框架设计了一定的层次结构。从顶层看，政府信息资源共享评价应该包括三个方面：一是对政府部门推动信息资源共享工作的评价；二是对信息资源本身的评价；三是对信息资源开发共享的效果评价。这三个方面构成了评价总体框架的顶层。

9.2.5　建立和完善智慧城市公共应急的政策措施

我国虽然用比较短的时间追赶了国外 30 多年所取得的成就，应急联动体系以惊人速度扩展，但也出现了一些问题。解决这些问题，需要提高城市公共应急机制的效率，主要对策是城市政府必须具备综合能力、加速能力、决断能力和执行能力。为此可以采取如下的政策措施：

(1)树立“大安全观”理念，实现全危机管理，加强对城市综合减灾的战略研究。包括对传统灾害和非传统安全因素规律性、各种危机事件的关联性研究，对城市灾害的分类、评价方法、指标体系、技术经济政策、法治保障等理论研究。要从理论和实践的结合上论证清楚：我国城市减灾的必要性以及减灾重点，城市建设与减灾协调发展和促进经济、社会、人口、资源、环境同步协调发展的至关重要性，以及要用系统论的观点指导和加强城市综合减灾建设。

(2)强化城市综合减灾法治建设，特别是完善城市规划法。目前我国大多数城市在进行城市规划时没有把安全问题列入考虑范围，这无疑会增大突发事件的可能性及其处置的难度。城市建设应在规划初期就把安全问题纳入其中，把城市公共安全作为其应该达到的目标和保证条件，把城市防灾减灾作为城市规划中的一项系统工程。这样从处理好城市规划、城市建设与城市防灾减灾三者关系出发来完善城市规划法，可以从源头上应对突发事件。

(3)继续注重应急联动体制建设，提高城市应急联动的效率。城市各部门在自身工作实践中已经形成一套行之有效的指挥方法和业务处理流程，指挥理念、要素、过程、资源都有各自特点，应急机制建设后的业务集中，如何使各种指挥要素协调起来，成为需要重点考虑的问题。故如何定义应急联动中心在政府现有体系中的地位，确立与其他部门的责、权、利关系，是保证应急联动中心有效运作的关键。同时大家对技术系统的期望值过高，都期望通过应急联动系统来解决各种危急问题。虽然技术能在一定程度上弱化体制不畅带来的问题，但不能从根本上解决问题。正是这种单纯依赖技术的认识偏差，使许多系统设计对体制调整和运营规划关注不够。因此，进一步加强城市应急联动的体制建设，应是提高城市应急机制效率的政策选择。

(4)鼓励城市政府在更广泛的范围内完善城市应急机制的建设。借鉴国际经验，在政府牵头建设城市应急体系的同时，应积极组织民间机构开展对应急联动体制、管理、运营、决策、考核等多层次的讨论，构建以政府应急指挥系统为核心、各种非政府组织为策应的切实可行的应急联动业务模式、部门协作模式和管理运营模式，通过不断改进和完善，理顺城市的综合应急联动机制体制。

(5)提倡务实精神，加强执行管理。有人说，“在美国，他们应对危机，是 1%

的时间用于决策，99%的时间执行；而我们则大多是99%的时间用来想怎么办，1%的时间才用于执行。”为了改变这种状况，应鼓励务实的行政执行过程，切实把各种城市危机事件控制和消灭在萌芽阶段。

(6)对于城市综合减灾应急系统化建设和城市信息应急联动系统建设的先进城市，给予优惠政策支持，比如财政转移支付优惠、技术支持和国家投资政策支持等。同时，应在规划中明确加强公共财政体制的建设，为形成城市公共安全与新型公共治理体系的建设创造条件。

(7)建立城市应急体系建设的长效机制。城市应急机制的建立，是一项长期的任务。随着城市的发展，各种新的公共危机隐患会不断产生，需要根据变化了的情况，不断地调整充实应急机制体系结构，从而使城市保持长期的可持续的应对突发事件的高效水平。

9.3 智慧安全城市法治建设

“智慧城市”的建设理念是将移动互联网、物联网与云计算等先进技术同城市管理运营理念进行有机结合，再将城市中海量的数据进行收集与存储，从而构建智能的城市IT基础构架。在“智慧城市”建设的过程中，城市与城市之间、城市与各部门之间、城市与居民之间都能够通过数据互联互通，最终让城市治理与运营更有效，决策更灵活。智慧城市的建设不仅强调智能化、数字化的城市样态，更强调以人为本，实现经济、社会、环境的全面可持续发展。而互联网作为人与人连接的基础设施，其发展无疑为智慧城市的建设提供了最重要的物质基础，在“互联网+”时代，人与人的连接更加紧密，个体的个性化需求得以被尊重。通过互联网，政府、网络服务运营商可以通过云计算很方便地收集到反映人们切实需要的数据，比如人们对某一政府行为的评价，抑或人们的消费习惯、偏好。

9.3.1 智慧城市建设过程中存在的问题

1. 智慧城市的建构过程中缺乏顶层设计

智慧城市的建构往往忽视整体规划，这是由城市本身的狭隘性造成的，没有站在全国、全省的角度出发，容易偏离智慧城市建设的初衷，欠缺可持续发展模式。

2. 智慧城市建设的相关标准、制度滞后

先前实行的国家标准法律制度和标准化法律体系，往往更适用于传统城市建设，在新型智慧城市高速发展的地区，出现了与实际运作活动不相符的情况，新出现的技术产品与传统产品相比较，具有不同性与先进性，导致原来存在的质量管理

章程与互联网、物联网背景下的新型技术产品的管理和规范不相符，针对新型智慧城市的发展往往缺乏标准化监管以及新的衡量标准，这都会给智慧城市建设带来消极影响。

3. 互联网技术进步而信息技术相对薄弱

随着互联网技术的进步，智慧城市构建进一步信息化，一些信息技术手段已经无法满足智慧城市的建设要求，当下信息化管理的体系难以满足智慧城市建设的需求。信息网络基础设施区域性的不完善，也不足以支撑网络信息技术产业的发展。而且我国对信息资源保护的法律体系不健全，信息资源共享程度低。

4. 网络安全隐患

国家互联网应急中心发布的《2018 年中国互联网网络安全报告》的数据显示，我国关键信息基础设施、云平台等面临的安全风险较为突出，APT 攻击、数据泄露、DDoS 攻击问题亦较为严重。虽然《网络安全法》已经于 2017 年开始施行，《儿童个人信息网络保护规定》也已经于 2019 年开始实施，但是从全局来看，仍缺少整体性立法。

9.3.2　互联网法律体系立法模式

虽然智慧城市的建设过程中基于市场需求及互联网发展的内生动力，互联网可以自发地、逐渐地与各领域各行业深入融合，但是法律作为社会规范的最后一道防线，在为社会发展提供保障的同时，其指引作用同样也可以促进新生的社会关系或变革后的社会关系的协调，从而实现互联网与各行业的进一步融合。在“互联网+”时代，互联网法律体系的完善成为建设与治理智慧城市的首要法律问题。面对互联网的快速发展，现有的法律规范不可避免地在调整新生社会关系时会产生滞后性。法律的稳定性与滞后性这对矛盾体在互联网法律领域体现得尤为突出，这也是互联网法律体系构建的难题。

立法模式和法律制度的选择取决于一国的政治、经济、社会、历史等各方面的发展背景，如有中国特色的立法模式和法律制度的选择也是在传承历史、吸收借鉴大陆法系和英美法系立法模式和法律制度的基础上建立起来的，互联网领域的立法模式和法律制度的建立，同样离不开对当前中国国情的适应以及对发达国家相关立法模式和法律制度的借鉴、吸收，甚至移植。

美国是互联网最早发展起来的国家，美国的互联网法律体系也是较为完备的，其制定有《电子通信隐私法令》(1986)、《通信规范法》(1996)、《全球电子商务框架》(1997)、《电子政务法案》(2002)等网络相关法律。英国制定有《数据保护法》(1998)、《通信监控法》(2000)、《信息自由法》(2000)、《通信法》(2003)等网络相关法律。2015年7月10日，德国议会通过《德国网络安全法》，同时德国制定有《信息与通信服务法》(1997)、《电子交易统一法》(2007)、《电子传媒法》(2007)等网络相关法律。

参考国内外立法实践，针对特定互联网相关问题，制定单行法律加以规制已是不争的事实，即便在我国互联网法律体系不完备的情况下，也还是制定有《电子签名法》(2004)，同时《电子商务法》也于2019年1月1日实施。因此在互联网法律体系构建模式上选择在现有法律体系中适当修改或增加相关互联网规范条款的基础上，通过单行立法规制互联网领域相关特定方面的问题不失为一种恰当的方式。

9.3.3 智慧城市建设过程中的互联网法律规制

中共中央、国务院2014年3月16日印发《国家新型城镇化规划(2014—2020年)》，在“提高城市可持续发展能力”一篇中，作为推动新型城市建设的重要组成部分，提出推进智慧城市建设的规划，强调要强化信息网络、数据中心等信息基础设施建设，同时在充分利用信息资源的基础上实现城市规划管理信息化、基础设施智能化、公共服务便捷化、产业发展现代化、社会治理精细化的可持续发展目标。那么，在深入推进智慧城市的建设、治理过程中，在目前的互联网法律体系下，需要在哪些方面提供法律支持、进行法律规制就是当下亟待解决的问题。

1. 智慧城市与电子政务法

优秀的智慧城市发展过程中都把公共服务功能摆在城市功能的重要位置，这就要发挥政府在提供公共服务过程中的主导作用，进一步需要重点考虑如何制定法律以明确政府在智慧城市建设和治理中的定位及其相关的权利义务，即电子政府透明化问题：“人民有知道政府做什么的权利，政府有说明做什么的义务。”政府在管理公共事务中的特点与对司法领域的事务规制特点具有明显的差别，前者具有更强的主动性，通常是主动介入社会公共事务的管理活动中，这是解决“灯塔效应”理论所揭示问题的必然选择，也是发挥服务型政府的必然要求。政府应该发挥其积极主动性为公众提供更多的公共产品，尤其是在“互联网+”时代，这并不难实现。当然智慧城市的建设并非只需政府一方之力就可建成的。后者则更多地需要体现法律规制对自由市场规则的足够尊重，发挥在相应领域更专业的行业自律的作用。正如同政府不应该做自己做不了的事情，法律也不应该规制自身不适合规制的问题。比如在互联网金融领域中P2P网络借贷问题中，网络借贷平台保障模式是应该选择无垫付模式、第三方担保模式、风险准备金模式，还是与保险公司合作模式？针对这一互联网金融领域的专业问题，可能在长期的实践中，通过发挥互联网金融行业自律规则的作用进行相应调整应该是更合理的。如果法律在互联网金融发展的早期过早地进行规制，一方面在适用效果并不理想的情况下削弱了法律的权威性，另一方面必然会遏制互联网金融行业的发展。当然如此针对相应纠纷进行事后规制的方式，在适用相关法律方面会带来一定的困难，或存在无法可依的情况，或具有一定的滞后性。然而，相比之下，这应该符合经济学中的帕累托最优的选择途径，或许这也是经济、社会发展所必然付出的代价。

2. 智慧城市与电子商务法

依托现代信息技术的智慧城市本身就是一个协同发展的复杂系统，既需要移动互联网、云计算等各项科技的协同，又需要政府、企业、NGO社会组织以及市民等诸多建设主体的协同。那么在企业与公众互动的过程中，电子商务领域的发展无疑是最显著的，电子商务的发展极大地促进了传统经济发展模式的变革以及商业模式的创新。在法律层面上，电子商务的发展客观上改变了传统的商事主体之间的法律关系，原本单纯的买方和卖方之间的买卖合同法律关系，现在需要第三方的介入，如淘宝、京东、支付宝、人人贷等，这些电子商务辅助主体的产生对原有法律规则的适用提出了挑战。如何界定这些主体的法律性质，它们的权利、义务有哪些，违反其相应法律责任的情况下如何惩处等法律问题，需要电子商务相关法律加以界定。

3. 智慧城市与知识产权法

在智慧城市的建设过程中，除了发挥政府和企业的作用外，还需要公众的广泛参与，而“互联网+”时代为公众参与社会治理、城市建设提供了物质基础。在激发大众创业、万众创新的各种途径中，除了市场需求所产生的动力外，赋予创新主体以知识财产专有权并加以适度保护的作用也是不容忽视的。同时知识产权作为一种合法的“垄断权”，必须予以适度的限制，以达到专有权人与社会公共利益的平衡，这就是为什么在知识产权法的制度安排中界定私人产权的同时，还规定了“知识产品公开”“在先权利保护”“合理使用”等规则。这一制度安排既促进与保护权利人的个人创新行为，同时又顾及社会创新发展的连续性和创新成本的合理性。这些现有的知识产权法律规则在“互联网+”时代将得到更充分的适用。互联网与传统的深度融合促进了各行各业内部的信息共享，也促进了行业知识的交叉吸收与利用。这就激发了大众创新的热情，在广泛吸收互联网承载的各种智力成果完成相应创新时，也更易于对他人的知识产权造成侵犯，在这种情况下就迫切需要在新的互联网环境下界定专有权人的权利边界。而在智力成果使用方式、商业竞争模式发生改变的“互联网+”背景下，在产品更加智能、产品中聚集的科技创新更加复杂的“物联网”时代，如何具体适用知识产权法律规则还有待在司法实践中不断积累经验。

4. 智慧城市与个人信息保护法

“互联网+”时代的智慧城市建设是以人为本为核心的，这就意味着政府、网络服务提供商、网络平台运营商会通过各种方式、途径收集与“人”相关的各种特定需求的个性化信息，即所谓的大数据。而这些个人信息通常是涉及个人隐私的，即便单一信息可能并无实际价值，但通过对各类信息的组合分析，结论可能是甚为关键的信息。在信息大爆炸时代，对大数据的深入挖掘分析，所带来的价值是难以估计的。因此，在互联网法律规制过程中不能忽视个人信息的保护问题。

当前大数据模式下个人信息保护存在法律风险、技术风险、监管风险，分别体现在个人信息法律保护不健全；大数据模式下个人信息存在重大安全隐患；个人信息保护多头监管造成无秩序监管。针对上述风险，在法律规则方面，一方面从宏观上要加强个人信息保护法律制度的建立与完善；另一方面在具体规则上要加强个人信息数据库风险防范措施，如数据库加密措施及冗余备份措施，明确信息损失责任承担主体；针对监管问题，明确相关监管主体的监管范围，使权责明晰，避免问题产生后的相互推诿。

上述讨论涉及了“互联网+”时代法律规制手段中的单行法律规制和行业自律规制手段，同时由于互联网本身无地理边界的特点，以及实践中侵害互联网主体利益的行为也会发生在多国/地域范围内，因此应加强互联网领域的国际合作，通过双边条约、多边条约或者国际公约的方式，更好地规制互联网领域的国际性侵权及犯罪问题。

总之，互联网的发展给智慧城市的发展带来了机会，同时也对现有法律体系带来了挑战。如何适当调整法律稳定性与社会发展日新月异之间的矛盾，需要我们不断地深入研究、探索，从而有效发挥法律规范在智慧城市建设中的支撑和保障作用。

第10章 结　　论

10.1 全书总结

本书在智慧城市的建设中融入安全城市与应急管理的理念，结合云计算、地理信息系统、大数据和物联网等新兴技术，将其应用于应急管理当中，有效提高城市对预防灾害和应对突发事件的能力。对智慧城市建设的理念与技术进行了研究，充分利用科学信息技术，对整个城市的基础设施三维建模及智能巡检技术进行了深入研究，同时探讨了智慧城市背景下城市的应急管理对策。

具体研究结论如下：

(1)本书提出，智慧城市的基本实现依赖城市设施的数字化建模，并介绍了一种基于局部特征和形状轮廓匹配的建筑识别算法。针对经典的不变特征提取算法的不足，首先根据整个建筑易受旋转和倾斜的影响，提取已知建筑的局部特征点，确定其方向、位置和角度。同时根据建筑物在不同状态下的比例尺变化信息，制定任意形状轮廓匹配的相似度准则和映射函数，实现不同光照和比例尺下的建筑物识别。

(2)为了分析研究智慧城市优化控制的模糊控制模型，基于 BP 神经网络算法设计了一种全网模糊控制器，使模糊推理的实现过程网络化、清晰化。模拟结果表明，该算法能够有效地优化神经网络控制器的参数和结构，所设计的神经模糊控制器具有良好的性能。

(3)利用其信息数字化的巨大优势，实现信息技术与现代设备管理的高度融合，优化传统巡检工作，形成一套新型的智能设备巡检系统。针对机器人检测系统，利用 MPI 库函数构造了两种符合 DSMC 并联原理的算法。基于结构背景网格的非结构化网格动态划分策略实现了计算过程之间的动态负载平衡，由 MPI 库函数构造的控制算法和并行算法适合于非结构化网格 DSMC 的并行计算。采用数值实验验证了该并行算法的正确性和有效性。

(4)从大数据视角分析了我国应急管理体制改革的途径，建立健全城市公共安全应急机制，防范与化解危机事件是一项复杂的社会系统工程，需要政府、社会和个人等方面的支持才能成功。我国城市公共应急机制的完善要在综合减灾机制和公共安全应急联动系统两方面加强建设。综合减灾机制建设的核心是要优化综合减灾管理系统中的内在联系，并创造可协调的运作模式，形成一套统一指挥、反应灵敏、协调有序、运转高效的应急机制。本书讨论了“互联网+”时代法律规制手段中的单行法律规制和行业自律规制手段，建议将“智慧城市”的建设理念与城市应急管理有机结合，以促进政府综合治理能力的创新与提升。

10.2 研究展望

智慧安全城市应急管理的内容涵盖监督管理、监测预警、指挥救援、决策支持、政务管理等领域，其目标旨在提高政府对应急事件的快速反应和抗风险能力，并给公众提供快捷的紧急救助服务，同时有效解决信息不畅、应急响应迟缓、处置成本高和效率低下等问题。

本书重点对整个城市的基础设施三维建模及智能巡检技术进行了研究，同时探讨了智慧城市背景下城市的应急管理对策。但是，对于救援、指挥、决策等内容涉及较少，为确保应急管理系统的完整性，未来应加强对这些领域的研究。

参考文献

[1] Garcin L, Descombes X, Zerubia J, et al. Building Detection by Markov Object Processes and a MCMC Algorithm: Proceedings of 2001 International Conference.

[2]陶文兵，柳健，田金文. 一种新型的航空图像城区建筑物自动提取方法[J]. 计算机学报，2003(7)：866-873.

[3] Croitoru A, Doytsher Y. Right Angle Rooftop Polygon Extraction in Regularized Urban Areas: Cutting the Corners[J]. Photo-grammetric Record, 2004, 19(108): 311-341.

[4]谭衢霖. 高分辨率多光谱影像城区建筑物提取研究[J]. 测绘学报，2010，39(6)：618-623.

[5] Cui S, Yan Q, Reinartz P. Complex Building Description and Extraction Based on Hugh Transformation and Cycle Detection[J]. Remote Sensing Letters, 2012, 3(2): 151-159.

[6]陶超，谭毅华，蔡华杰，等. 面向对象的高分辨率遥感影像城区建筑物分级提取方法[J]. 测绘学报，2010，39(1)：39-45.

[7] Xin H, Zhang L. Morphological Building/Shadow Index for Building Extraction From High-Resolution Imagery Over Urban Areas[J]. IEEE Journal of Selected Topics in Applied Earth Observations & Remote Sensing, 2011, 5(1): 161-172.

[8]胡荣明，黄小兵，黄远程. 增强形态学建筑物指数应用于高分辨率遥感影像中建筑物提取[J]. 测绘学报，2014，43(5)：514-520.

[9]高贤君，郑学东，沈大江，等. 城郊高分影像中利用阴影的建筑物自动提取[J]. 武汉大学学报(信息科学版)，2017，42(10)：1350-1357.

[10] Liow Y T, Pavlidis T. Use of Shadows for Extracting Buildings in Aerial Images[J]. Computer Vision Graphics & Image Processing, 1990, 49(2): 242-277.

[11] Pesaresi M, Gerhardinger A, Kayitakire F. A Robust Built-up Area Presence Index by Anisotropic Rotation-Invariant Textural Measure[J]. IEEE Journal of Selected Topics in Applied Earth Observations & Remote Sensing, 2008, 1(3): 180-192.

[12] Pesaresi M, Gerhardinger A. Improved Textural Built-up Presence Index for Automatic Recognition of Human Settlements in Arid Regions with Scattered

Vegetation[J]. IEEE Journal of Selected Topics in Applied Earth Observations & Remote Sensing, 2010, 4(1): 16-26.

[13]施文灶，毛政元. 基于图像与阴影邻接关系的高分辨率遥感影像建筑物提取方法 [J]. 电子学报，2016，44(12): 2849-2854.

[14]林祥国，张继贤. 面向对象的形态学建筑物指数及其高分辨率遥感影像建筑物提取应用[J]. 测绘学报，2017，46(6): 724-733.

[15]Xin H, Yuan W, Li J, et al. A New Building Extraction Post-processing Framework for High-Spatial-Resolution Remote-Sensing Imagery[J]. IEEE Journal of Selected Topics in Applied Earth Observations & Remote Sensing, 2016, 10(2): 654-668.

[16]Park J H, Kim J S, Han S I. Improved Shape Control Performance of a Semiretired Mill Using Wavelet Radial Basis Function Network and Fuzzy Logic Actuator [J]. Proceedings of the Institution of Mechanical Engineers Part C Journal of Mechanical Engineering Science, 2015, 229(2): 227-243.

[17]Azar A T, Serrano F E. Robust IMC-PID Tuning for Cascade Control Systems with Gain and Phase Margin Specifications[J]. Neural Computing & Applications, 2013, 25(5): 983-995.

[18]Wang S, Yan B. Fruit Fly Optimization Algorithm Based Fractional Order Fuzzy-PID Controller for Electronic Throttle [J]. Nonlinear Dynamic, 2013, 73: 611-619.

[19]Yang B, Liang G, Peng J H, et al. Self-adaptive PID Controller of Microwave Drying Rotary Device Tuning on-line by Genetic Algorithms [J]. Journal of Central South University, 2013, 20: 2685-2692.

[20]Van Cuong P, Nan W Y. Adaptive Trajectory Tracking Neural Network Control with Robust compensation for Robot Manipulators [J]. Neural Computing & Applications, 2016, 27(2): 525-536.

[21]Li D J, Zhang J, Cui Y, et al. Intelligent Control of Nonlinear Systems with Application to Chemical Reactor Recycle [J]. Neural Computing & Applications, 2013, 23(5): 1495-1502.

[22]Geng J. Adaptive Neural Network Dynamic Surface Control for Perturbed Nonlinear Time-delay Systems [J]. International Journal of Automation and Computing, 2012, 9(2): 135-141.

[23]Yilmaz S, Bilgin M Z. Modeling and Simulation of Injection Control System on a Four-stroke Type Diesel Engine Development Platform Using Artificial Neural Networks [J]. Neural Computing & Applications, 2013, 22(7): 1713-1725.

[24]Lin C H. Dynamic Control of V-belt Continuously Variable Transmission-driven Electric Scooter Using Hybrid Modified Recurrentlegendre Neural Network Control

System [J]. Nonlinear Dynamic, 2015, 79: 787-808.

[25] Lin Z M, Tai C F, Chung C C. Intelligent Control System Design for UAV Using a Recurrent Wavelet Neural Network [J]. Neural Computing & Applications, 2014, 24(2): 487-496.

[26] 王康，李晓理，贾超. 基于自适应动态规划的矿渣微粉生产过程跟踪控制[J]. 自动化学报，2016, 42(10): 1542-1551.

[27] 任雯，胥布工. 基于标准神经网络模型的非线性系统分布式无线网络化控制[J]. 控制与决策，2015, 30(4): 691-697.

[28] Rahmani B, Hossein A. Networked Control of Industrial Automation Systems—a New Predictive Method [J]. International Journal of Advanced Manufacturing Technology, 2012, 58(5): 803-815.

[29] 黄丽莲，陈瑾. 基于 Smith 补偿与神经网络的网络控制系统 PD 控制[J]. 系统工程与电子技术，2012, 34(9): 1884-1888.

[30] 于晓明，蒋静坪. 基于神经网络延时预测的自适应网络控制系统[J]. 浙江大学学报(工学版), 2012, 46(2): 194-198.

[31] 刘达，李木国，杜海. 基于小波神经网络的工业以太网延时预测控制[J]. 大连理工大学学报，2014, 54(2): 246-250.

[32] Tsai C C, Wu H L, Tai F C, et al. Distributed Consensus Formation Control with Collision and Obstacle Avoidance for Uncertain Networked Omnidirectional Multi-robot Systems Using Fuzzy Wavelet Neural Networks [J]. International Journal of Fuzzy Systems, 2017: 1-17.

[33] Li Z J, Xia Y Q, Wang D H, et al. Neural Network-based Control of Networked Trilateral Teleoperation with Geometrically Unknown Constraints [J]. IEEE Transactions on Cybernetics, 2015, 46(5): 1051-1064.

[34] 严丽，王启志. GA-Elman 网络的网络控制系统预测[J]. 华侨大学学报(自然科学版), 2014, 35(6): 620-624.

[35] Pan I, Das S. Design of Hybrid Regrouping PSO-GA Based Sub-optimal Networked Control System with Random Packet Losses [J]. Metric Computing, 2013, 5(2): 141-153.

[36] Karami A. ACC Pndn. Adaptive Congestion Control Protocol in Named Data Networking by Learning Capacities Using Optimized Time-Lagged Feed Forward Neural Network [J]. Journal of Network and Computer Applications, 2015, 59: 1-18.

[37] Zhou C J, Xiang C J, Chen H, et al. Genetic Algorithm-based Dynamic Reconfiguration for Networked Control System [J]. Neural Computing & Applications,

2008, 17(2): 153-160.

[38] Tian Z D, Gao X W, Li K. A Hybrid Time-delay Prediction Method for Networked Control System [J]. International Journal of Automation and Computing, 2014, 11 (1): 19-24.

[39] Hosseini E, Esmaeelzadeh V, Eslami M. A Hierarchical Sub-chromosome Genetic Algorithm (HSC-GA) to Optimize Power Consumption and Data Communications Reliability in Wireless Sensor Networks [J]. IEEE Wireless Personal Communications, 2015, 80(4): 1579-1605.

[40] Nezamoddin N, Lam S S. Reliability and Topology Based Network Design Using Pattern Mining Guided Genetic Algorithm [J]. Expert Systems with Applications, 2015, 42(21): 7483-7492.

[41] Wang T, Qiu J B, Yin S, et al. Performance-based Adaptive Fuzzy Tracking Control for Networked Industrial Processes [J]. IEEE Transactions on Cybernetics, 2016, 46(8), 1760-1770.

[42] Tian Z D, Gao X W, Gong B L, et al. Time-delay Compensation Method for Networked Control System Based on Time-delay Prediction and Implicit PIGPC [J]. International Journal of Automation and Computing, 2015, 12(6): 648-656.

[43] Batho S, Williams G, Russell L. Crisis Management to Controlled Recovery: The Emergency Planning Response to the Bombing of Manchester City Centre [J]. Disasters, 1999, 23(3): 217-233.

[44] Kowalski K M. A Human Component to Consider in Your Emergency Management Plans: the Critical Incident Stress Factor[J]. Safety Science, 1995, 20: 115-123.

[45] Jalali R. Civil Society and the State: Turkey after the Earthquake[J]. Disasters, 2002, 26(2): 120-139.

[46] Wybo J L, Kowalski K M. Command Centers and Emergency Management Support[J]. Safety Science, 1998, 30(1/2): 131-138.

[47] Ikeda Y, Wallace W A. Supporting Multi-group Emergency Management with Multimedia[J]. Safety Science, 1998, 30(4): 223-234.

[48] McEntire D A. Searching for a Holistic Paradigm and Policy Guide; A Proposal for the Future of Emergency Management [J]. International Journal of Emergency Management, 2003, 1(3): 298-308.

[49] Eivind L R. Emergency Management and Decision Making on Accidentscans: Taxonomy, Models and Future Research [J]. International Journal of Emergency Management, 2003, 1(4): 397-409.

[50] Turner B A. The Organizational and Inter-organizational Development of Disasters

[J]. Administrative Science Quarterly, 1976, 21(3): 378-397.

[51] Dymon U J. An Analysis of Emergency Map Symbology[J]. International Journal of Emergency Management, 2003, 1(4): 227-237.

[52] Prizzia R. Agency Coordination and the Role of the Media in Disaster Management in Hawaii [J]. International Journal of Emergency Management, 2005, 2(4): 292-305.

[53] Ibrahim M S, Fakharul-razi A, Aini M S, et al. Technological Man-made Disaster Precondition Phase Model for Major Accidents [J]. Disaster Prevention and Management, 2002, 11(5): 143-158.

[54] Ibrahim M S, Fakharul-razi A, Sa'ari M. Technological Disaster's Criteria end Models[J]. Disaster Prevention and Management, 2003, 12(4): 305-312.

[55] Burkholder T. Michael B J. Evolution of Complex Dietetics[J]. The Lancet, 1995, 346(8981): 1012-1015.

[56] 包晓. 城市公共安全应急机制建设探析[J]. 学习论坛, 2005, 21(5): 41-42.

[57] 沈荣华. 城市应急管理模式创新：中国面临的挑战、现状和选择[J]. 学习论坛, 2006, 22(1): 48-51.

[58] 柳宗伟, 景广军. 信息技术与我国城市危机管理机制创新[J]. 中国软科学, 2004, 4: 31-35.

[59] 史培军, 刘婧, 徐亚骏. 区域综合公共安全管理模式及中国综合公共安全管理对策[J]. 自然灾害学报, 2006, 15(6): 9-16.

[60] 曹沛霖. 比较政治制度[M]. 北京：高等教育出版社, 2000.